FORSCHUNGSBERICHTE DES LANDES NORDRHEIN-WESTFALEN

Nr. 2017

Herausgegeben im Auftrage des Ministerpräsidenten Heinz Kühn
von Staatssekretär Professor Dr. h. c. Dr. E. h. Leo Brandt

DK 632.03.001.5:632.15:546.161-31

Dr. Robert Guderian

Dr. Hans van Haut

Dr. Heinrich Stratmann

Landesanstalt für Immissions- und Bodennutzungsschutz Essen-Bredeney

Experimentelle Untersuchungen
über pflanzenschädigende
Fluorwasserstoff-Konzentrationen

Springer Fachmedien Wiesbaden GmbH 1969

Die vorliegende Arbeit ist mit Unterstützung des Landesamtes für Forschung des Landes NW beim Forschungsinstitut für Luftreinhaltung e. V., Essen, begonnen und bei der Landesanstalt für Immissions- und Bodennutzungsschutz fortgesetzt worden.

ISBN 978-3-663-20006-2   ISBN 978-3-663-20358-2 (eBook)
DOI 10.1007/978-3-663-20358-2

Verlags-Nr. 012017

© 1969 Springer Fachmedien Wiesbaden

Ursprünglich erschienen bei Westdeutscher Verlag GmbH, Köln und Opladen 1969.

Inhalt

Einleitung 5

1. Versuchsmethodik 6

2. Wirkungskriterien 7

3. Resistenzverhalten land- und forstwirtschaftlicher Pflanzenarten 8

   3.1 Resistenzgruppierung nach der Blattempfindlichkeit 9

   3.2 Resistenzgruppierung nach Auswirkungen auf den Nutzungswert 11

4. Ermittlung phytotoxischer Fluorwasserstoffkonzentrationen 16

5. Schädigungssymptome 21

   5.1 Akute Blattschädigungen 22

   5.2 Chronische Blattschädigungen 24

6. Fluoranreicherung in Pflanzenorganen 25

   6.1 Fluoranreicherung in Abhängigkeit vom Blattalter 26

   6.2 Fluoranreicherung in Abhängigkeit vom Entwicklungsstadium 26

Zusammenfassung 27

Literaturverzeichnis 29

Tabellenanhang 32

Abbildungsanhang 40

Einleitung

Beobachtungen über Vegetationsschäden in der Umgebung von Kupferhütten und Superphosphatfabriken gaben bereits Ende des vorigen Jahrhunderts Anlaß zu eingehenden Untersuchungen über die phytotoxischen Eigenschaften fluorhaltiger Luftverunreinigungen (Von Schroeder und Reuss, 1883; Mayrhofer, 1891). Für den Nachweis akuter und chronischer Fluorwirkungen (Reuss, 1893 und 1896) wurde neben äußeren Schädigungsmerkmalen vielfach schon die Fluoranreicherung in Pflanzenorganen als Kriterium herangezogen (Fresenius, 1902; Wislicenus, 1898 und 1901). Später stellte man fest, daß Fluoranreicherungen nicht nur bei den Pflanzen zu Ertragsausfällen und Qualitätseinbußen führen, sondern auch mittelbar in der Viehwirtschaft durch Fluor-Intoxikationen Verluste verursachen (Brandt, 1962; Bohne, 1964; Thomas und Alther, 1966; Garber, 1966 und 1967; Bossavy, 1965; Bovay und Bolay, 1965; Dässler und Grumbach, 1967; Spierings, 1967; Bredemann, 1956; Brandt und Heck, 1962). Insbesondere bei Rindern und Schafen können Futtermittel mit Fluoranreicherungen neben Zahnbeschädigungen auch Frakturen und Kallusbildungen an den Extremitäten auslösen, begleitet von Lahmheit, Inappetenz, Festliegen und Leistungsminderung (Shupe und Alther, 1966; Oelschläger, 1965; Wöhlbier und Oelschläger, 1966).

Da fluorhaltige Emissionen bei vielen technologischen Vorgängen entstehen, z. B. in der chemischen Industrie, bei der Aluminium- und Kupfergewinnung, bei Zement- und Keramikwerken, bei der Herstellung und Verarbeitung von Glas und nicht zuletzt auch bei der Kohleverbrennung, führen insbesondere nach der starken Industrialisierung in den letzten Jahrzehnten Immissionen von Fluorverbindungen zu ernsten Gefahren für die land- und forstwirtschaftliche Bodennutzung in weiten Gebieten. Die Zunahme der Immissionen von Fluorverbindungen hat in den letzten zehn Jahren auch zu einer Intensivierung der Forschung geführt.

Obwohl schon viele Erkenntnisse über den Wirkungsmechanismus des Fluors gewonnen wurden (Yang und Miller, 1963; Pilet und Collet, 1964; Peters und Shorthouse, 1964; Benedict, Ross und Wade, 1965; Chang und Thompson, 1966 [a] und 1966 [b]; Pack, 1966), so fehlen insbesondere Kenntnisse über die Wirkungen definierter Fluormengen auf Wuchsleistung, Ertragshöhe und Qualität der Pflanzen, wie sie für vorbeugende Maßnahmen des Immissionsschutzes benötigt werden. Wir haben unsere Begasungsexperimente mit Fluorwasserstoff daher vor allem auf die Ermittlung schädigender HF-Konzentrationen abgestimmt und weiterhin das Resistenzverhalten verschiedener Pflanzenarten, äußere Formen der Schädigung sowie die Anreicherung von Fluor in Pflanzenorganen untersucht. Die hier mitgeteilten Ergebnisse aus mehrjährigen Begasungsexperimenten erlauben bereits eine Abschätzung derjenigen Fluorwasserstoffimmissionen, die auch in niedrigen HF-Konzentrationsbereichen und entsprechend langen Einwirkungszeiten noch Pflanzenschäden auslösen.

1. Versuchsmethodik

In der Atmosphäre treten Fluorverbindungen gasförmig oder als Schwebstoffe auf. Die stärkste phytotoxische Wirksamkeit weisen die wasserlöslichen, gasförmigen Fluorverbindungen auf, von denen Fluorwasserstoff (HF) die größte Bedeutung besitzt, da er weitverbreitet ist und auch aus Umsetzungen anderer Fluorverbindungen wie Siliziumtetrafluorid (SiF_4) oder Kieselfluorwasserstoffsäure (H_2SiF_6) entsteht. Die aus diesem Grunde auf die Beurteilung der phytotoxischen Wirksamkeit von Fluorwasserstoff abgestimmten Begasungsexperimente erfolgten in kleinen mit Kunststoffolie (Mylar) bespannten Begasungshäuschen (Abb. 1). Von einem Maschinenraum aus wurden diesen Häuschen über unterirdisch verlegte Kunststoffleitungen vorverdünnte Fluorwasserstoff–Luft-Gemische zugeleitet. Zur Herstellung des vorverdünnten Fluorwasserstoff–Luft-Gemisches wird in der Dosieranlage zunächst entfeuchtete Luft über Flußsäure geleitet, die sich in thermostatisierten Kunststoffbehältern befindet. Die vorbeiströmende Trägerluft belädt sich dabei entsprechend dem HF-Partialdruck über der Flußsäure mit Fluorwasserstoff. Durch Variieren von Temperatur und Konzentration der Flußsäure sowie des Luftdurchsatzes läßt sich der Fluorwasserstoff beliebig dosieren. Die beladene Trägerluft wird anschließend in eine Rohrleitung aus PVC eingeführt, in die zur Vorverdünnung ein Ventilator eine bestimmte Menge getrockneter Verdünnungsluft drückt. Nach einer gründlichen Durchmischung in einer Mischkammer wird das Fluorwasserstoff–Luft-Gemisch über unterirdisch verlegte Rohrleitungen in die Verteilerhauben auf dem Dach der Begasungshäuschen geleitet. Hier erfolgt durch eine starke Verdünnung mit Außenluft die Einstellung der Begasungskonzentration. Die Außenluft tritt in die Verteilerhauben ein, weil am Boden der Begasungshäuschen das Schadstoff–Luft-Gemisch durch unterirdisch verlegte Kunststoffleitungen mit Hilfe eines Ventilators abgesaugt und über einen Kamin abgeleitet wird. In den Begasungshäuschen stellt sich eine HF-Konzentration ein, die sich aus der Menge des zugeführten Fluorwasserstoff–Luft-Gemisches und der durchgesetzten Außenluftmenge ergibt, welche sich über eine Drosselklappe in der Absaugung beliebig variieren läßt. Bei dem hohen Außenluftdurchsatz (im allgemeinen 100facher Luftwechsel pro Stunde) folgen die Temperatur- und Feuchtigkeitsschwankungen in den Häuschen denen in der Außenluft. In den Begasungshäuschen liegen also naturnahe Klimabedingungen vor, so daß die Versuchspflanzen eine normale Praedisposition haben.

Die Messung der HF-Konzentrationen in den Begasungshäuschen erfolgte nach einem diskontinuierlichen Verfahren von BUCK und STRATMANN (1965), mit dem sich noch sehr geringe Fluorgehalte in der Atmosphäre nachweisen lassen. Im Konzentrationsbereich zwischen 2 und 10 µg F-/m³ Luft beträgt die Standardabweichung dieser Methode $s = \pm 0,4$ µg F-/m³. Zur Probenahme wird über dem Pflanzenbestand in den Häuschen eine von der HF-Konzentration abhängige Luftmenge entnommen und durch präparierte Sorptionsrohre gesaugt. Nach Abtrennung der so angereicherten Fluorionen durch Wasserdampfdestillation erfolgt die analytische Bestimmung photometrisch nach dem Alizarin-Komplexon-Verfahren.

Als Versuchspflanzen wurden in die Begasungsexperimente wichtige Kulturen aus Land- und Forstwirtschaft sowie aus dem Gartenbau einbezogen. Die Anzucht der Pflanzen in Ton-, Kunststoff- und Mitscherlichgefäßen sowie in Holzkübeln erfolgte auf den ihnen ökologisch zusagenden Erdmischungen (GUDERIAN, 1960). Auch in Parzellen angezogene Pflanzen wurden begast. Zur Kennzeichnung der HF-Wirkung wurden neben Schädigungssymptomen die Auswirkungen auf Wuchsleistung und Ertrag sowie die Höhe der Fluoranreicherung in Pflanzenorganen herangezogen. Für die Erfassung des Fluorgehaltes in Pflanzenorganen wird das Fluor aus dem mit destilliertem Wasser gewaschenen und veraschten Pflanzenmaterial durch Wasserdampfdestillation von Störionen abgetrennt und photometrisch bestimmt (BUCK, 1963).

2. Wirkungskriterien

Für die Beurteilung von Fluorwirkungen auf Pflanzen können als Kriterien akute oder chronische Schädigungsformen, Auswirkungen auf Wachstum, Ertrag und Qualität sowie Beeinträchtigungen des Stoffwechsels herangezogen werden. In der neueren Forschung haben die einzelnen Pflanzenreaktionen eine unterschiedliche Beachtung gefunden. Relativ zahlreiche Untersuchungen befassen sich mit der Anreicherung von Fluor in Pflanzenorganen und Zellorganellen, mit histologischen Veränderungen und speziellen physiologischen Vorgängen im Schädigungsablauf (SOLBERG und Mitarb., 1955; YANG und MILLER, 1963; PILET und COLLET, 1964; BENEDICT, ROSS und WADE, 1965; CHANG und THOMPSON, 1966 [a] und 1966 [b]; GARBER, 1966; JACOBSON und Mitarb., 1966; LEE und Mitarb., 1966).
Nur wenige Experimentatoren untersuchten bisher den Einfluß definierter HF-Mengen auch auf Wuchs- und Ertragsleistung sowie auf die Qualität der Pflanzen. So stellten HITCHCOCK, ZIMMERMANN und COE (1963) in Begasungsexperimenten unter freilandnahen Bedingungen bei Bartgras (Borthiochloa ischaemum) nach zweiwöchiger Begasung mit 0,99 ppb HF[1] noch Minderungen im Massenertrag fest. Orangenbäume zeigten nach mehrjährigen kontinuierlichen Einwirkungen von 1 bis 5 ppb HF Wuchsminderungen, Verzögerungen im Blühtermin und verminderten Fruchtansatz (BREWER und Mitarb., 1960). Außerdem gibt es zwar eine Reihe von Untersuchungen in der Umgebung von Immissionsquellen mit eingehenden Beschreibungen der Auswirkungen auf Wachstum und Ertrag, jedoch fehlen hier Angaben über den HF-Gehalt der Luft (BOVAY und BOLAY, 1965; HÖLTE, 1960; DÄSSLER und GRUMBACH, 1967; GARBER, 1966). Über das Auftreten von Blattschädigungen bei bestimmten Konzentrationen und Einwirkungszeiten von Fluorwasserstoff sind allerdings schon eingehendere Untersuchungen durchgeführt worden (ADAMS und Mitarb., 1962; ADAMS, HENDRIX und APPLEGATE, 1957; THOMAS, 1961).
Wenn auch mit den bisherigen Untersuchungen schon viele wertvolle Informationen zur Beurteilung von Fluorwirkungen auf Pflanzen vorliegen, so kann doch nur in wenigen Fällen auf eine Beeinträchtigung des Nutzungswertes geschlossen werden, der nach wirtschaftlichen und ideellen Gesichtspunkten zu bemessen ist (GUDERIAN, VAN HAUT und STRATMANN, 1960). Die zur Beurteilung der Wertminderungen heranzuziehenden Wirkungskriterien müssen auf die Nutzungsrichtungen der einzelnen Pflanzen abgestimmt werden. So stellen Beeinträchtigungen der äußeren Beschaffenheit (z. B. durch Blattschädigungen) bei bestimmten Pflanzen, wie Ziergewächsen, unmittelbar ein Maß für die Wertminderung dar (Abb. 2 und 3). Blattschädigungen werden aber nicht nur im Blumenverkauf, sondern auch im Vermehrungsbetrieb als wertmindernd angesehen, denn in den Niederlanden werden beispielsweise die für den Export bestimmten Gladiolenknollen aus geschädigten Beständen nicht mehr in den vertraglichen Vorankauf genommen (SPIERINGS, 1963). In unseren Experimenten haben wir daher bei

[1] 1 ppb HF entspricht etwa 1 µg HF/m³ Luft

Ziergewächsen und Blattgemüse Beeinträchtigungen der äußeren Beschaffenheit als bevorzugtes Wirkungskriterium gewählt. Demgegenüber sind zur Beurteilung der Wertminderungen bei land- und forstwirtschaftlichen Kulturen im allgemeinen die Auswirkungen auf Wuchsleistung und Ertrag heranzuziehen (GUDERIAN und STRATMANN, 1968). Beispielsweise sind beim Getreideanbau zur Korngewinnung Blattschädigungen solange ohne Bedeutung, wie sie den Kornertrag nicht mindern. Auch die Fluoranreicherung in der Pflanze wird man in diesem Falle außer acht lassen können, da nach bisherigen Ergebnissen toxische Anreicherungen im Korn unterbleiben. So war bei Gerste und Hafer, die man auf verschiedenen Entwicklungsstadien (2-Blatt-Stadium bis zur Blüte) mit der relativ hohen Konzentration von 5,0 µg HF/m³ kurzfristig begast hatte, der F-Gehalt im Korn mit Höchstwerten von 0,5 mg F pro 100 g Trockensubstanz[2] nur geringfügig gegenüber den Kontrollwerten erhöht, obgleich der F-Gehalt im Stroh um ein Mehrfaches über den Vergleichswerten lag. Bei den meisten Futterpflanzen hingegen ist die Fluoranreicherung ein wichtiges Wirkungskriterium. So würden die in einem Begasungsversuch mit hoher HF-Konzentration in ihrer äußeren Beschaffenheit oder in der Ertragshöhe beeinträchtigten Gräser und Kleearten noch für Futterzwecke verwertbar gewesen sein (Tab. 1 im Anhang), wenn die festgestellten Fluorwerte nicht um das 15–30fache über dem in Futtermitteln tolerierbaren Grenzwert (SHUPE und ALTHER, 1966) gelegen hätten; denn bei derartigen Fluoranreicherungen muß man sogar mit akuten Fluorintoxikationen rechnen (Abb. 4). Auch in weiteren Begasungsversuchen mit niedrigen HF-Konzentrationen erwies sich die Fluoranreicherung bei diesen Pflanzenarten als das wichtigste Kriterium.

3. Resistenzverhalten land- und forstwirtschaftlicher Pflanzenarten

Die einzelnen Pflanzenarten bzw. Varietäten weisen allgemein Luftverunreinigungen gegenüber Unterschiede im Resistenzverhalten auf. Eine Zusammenstellung der Pflanzenarten nach ihrer HF-Resistenz in Form von Resistenzreihen oder Resistenzgruppen ist sowohl für die Diagnostik als auch für den Anbau von Pflanzen in Gebieten mit HF-Immissionen von Bedeutung. Die Stellung einer Pflanzenart innerhalb einer Resistenzreihe kann sich aber mit den Kriterien ändern, die zur Beurteilung der Wirkung herangezogen werden (GUDERIAN, 1966; VAN HAUT und STRATMANN, 1967). Nach der Blattempfindlichkeit beurteilt steht z. B. in der SO_2-Resistenz die *Lupine* als die empfindlichste Pflanze an der Spitze der Skala, gefolgt von der *Ackerbohne, Saatwicke* und *Felderbse*. Bewertet man dagegen die Resistenz nach den Auswirkungen auf den Grünmassenertrag, so ist die *Lupine* wesentlich widerstandsfähiger als die drei anderen Futterleguminosen. Während für die Diagnose im allgemeinen eine Gruppierung nach der Blattempfindlichkeit sinnvoll ist, muß für den Anbau von Pflanzen in Immissionsgebieten die Resistenz nach den Auswirkungen auf das Nutzungsziel beurteilt werden.

Da die Stellung der einzelnen Pflanzenarten innerhalb einer Resistenzreihe nicht nur von den Kriterien zur Kennzeichnung der Wirkung, sondern auch von den Standortbedingungen, dem Alter der Pflanzen und nicht zuletzt auch von den Immissionskonstellationen abhängen, kann keine allgemeinverbindliche Resistenzreihe aufgestellt werden. Wohl ist es möglich, Pflanzen ähnlicher Widerstandsfähigkeit in einige wenige Resistenzgruppen einzuordnen, was im allgemeinen auch für die Praxis genügen dürfte.

[2] Im folgenden bezeichnet als mg F/100 g TS

3.1 Resistenzgruppierung nach der Blattempfindlichkeit

Blattschädigungen in Form von Nekrosen und Verfärbungen geben im allgemeinen erste Hinweise auf pflanzenschädigende Immissionen. Da die äußeren Schädigungssymptome jedoch wenig spezifisch sind, können Kenntnisse über das Resistenzverhalten der verschiedenen Arten die Diagnose wesentlich unterstützen. Wir haben daher auf Grund von Ergebnissen aus Begasungsexperimenten unter freilandnahen Bedingungen eine Gruppierung von Pflanzenarten nach ihrer Blattempfindlichkeit gegenüber Fluorwasserstoff vorgenommen und zwischen empfindlichen, mittelempfindlichen und relativ unempfindlichen Arten unterschieden (Tab. 2).

Unter den *Laubgehölzen* reagierten beispielsweise *Weinrebe*, *Eberesche* und *Flieder* sehr empfindlich, während *Blutbuche*, *Pappel*, *Birke* und *Roteiche* unempfindlicher waren. Als relativ widerstandsfähig erwiesen sich *Robinie*, *Stieleiche* und *Feldahorn*. Bei den *Nadelhölzern* waren *Weymouthkiefer* und *Fichte* als empfindlich, *Wacholder*, *Eibe* und *Scheinzypresse* als relativ unempfindlich und *Schwarzkiefer*, *Tanne* sowie *Lärche* als mittelempfindlich einzuordnen. Unter den *landwirtschaftlichen Kulturen* reagierten die *Kleearten* und auch *Wiesenlieschgras* sehr empfindlich. Innerhalb dieser Resistenzgruppe erwies sich die *Luzerne* als weniger anfällig. Der II. Resistenzgruppe sind neben wichtigen *Gräsern* auch *Leguminosen* des Feldfutterbaues und Rübenpflanzen zuzuordnen. Bei *Tabak* und *Kohlarten*

Tab. 2 HF-Resistenz von Pflanzenarten nach ihrer Blattempfindlichkeit

Resistenzgruppe I sehr empfindlich	Resistenzgruppe II empfindlich	Resistenzgruppe III weniger empfindlich
	Laubgehölze	
Fächerahorn (Acer palmatum atrop.)	Esche (Fraxinus excelsior)	Robinie (Robinia pseudoacacia)
Eberesche (Sorbus scandica)	Blutbuche (Fagus silvatica atrop.)	Mahonie (Mahonia aquifolium)
Weinrebe (Vitis venifera)	Pappel (Populus nigra)	Stieleiche (Quercus pedunculata)
Flieder (Syringa vulgaris)	Winterlinde (Tilia parvifolia)	Feldahorn (Acer campestre)
	Hainbuche (Carpinus betulus)	
	Weißbirke (Betula pendula)	
	Spitzahorn (Acer platanoides)	
	Roteiche (Quercus rubra)	
	Rotbuche (Fagus silvatica)	
	Nadelhölzer	
Weymouthkiefer (Pinus strobus)	Douglasie (Pseudotsuga taxifolia)	Wacholder (Juniperus communis)
Fichte (Picea excelsa)	Nordmannstanne (Abies nordmanniana)	Eibe (Taxus baccata)
Jap. Lärche (Larix leptolepis)	Schwarzkiefer (Pinus nigra austriaca)	Scheinpresse (Chamaecyparis laws.)

Tab. 2 (Fortsetzung)

Resistenzgruppe I sehr empfindlich	Resistenzgruppe II empfindlich	Resistenzgruppe III weniger empfindlich
	Landwirtschaftliche und gärtnerische Kulturen	
Küchenzwiebel (Allium cepa) Schwedenklee (Trifolium hybridum) Rotklee (Trifolium pratense) Inkarnatklee (Trifolium incarnatum) Weißklee (Trifolium repens) Wiesenlieschgras (Phleum pratense) Luzerne (Medicago sativa)	Wiesenschwingel (Festuca pratensis) Knaulgras (Dactylus glomerata) Deutsch. Weidelgras (Lolium perenne) Welsches Weidelgras (Lolium multiflorum) Felderbse (Pisum arvense) Ackerbohne (Vicia faba) Hafer (Avena sativa) Wintergerste (Hordeum vulgare) Saatwicke (Vicia sativa) Spinat (Spinacia oleracea) Runkelrübe (Beta vulgaris) Stachelbeere (Ribes uva crispa) Winterweizen (Triticum sativum) Wingerroggen (Secale cereale)	Tabak, Sorte Bel W 3 (Nicotiana tabacum) Grünkohl (Brassica acephala) Markstammkohl (Brassica medullosa)
	Zierpflanzen	
Gladiole (Gladiolus communis) Tulpe (Tulipa gesneriana) Montbretie (Crocosmia aurea) Tigerblume (Ferraria pavone) Krokus (Crocus vernus) Scilla (Scilla sibirica) Hyazinthe (Hyazinthus orientalis) Narzisse (Narcissus poeticus) Begonie (weiß) (Begonia tuberhybrida)	Staudenlupine (Lupinus polyphyllus) Chabaud-Nelke (Dianthus caryophyllus) Sommeraster (Callistephus chinensis) Stiefmütterchen (Viola tricolor)	Chrysantheme (Chrysanthemum indicum) Studentenblume (Tagetes nana) Löwenmaul (rot) (Antirrhinum sp.) Alpenrose (Rhododendron catawbiense)

traten erst nach starken HF-Einwirkungen Blattschädigungen auf. Von den *Zierpflanzen* erwiesen sich in unseren Versuchen außer *Gladiole* und *Tulpe* auch *Narzisse*, *Montbretie* und *Ferrarie* als besonders empfindlich.

3.2 Resistenzgruppierung nach Auswirkungen auf den Nutzungswert

Eine Einstufung der Pflanzenarten nach ihrer Blattempfindlichkeit ist für die Diagnose von allgemeiner Bedeutung. Zur Ableitung von Grenzwerten schädigender Fluorwasserstoffkonzentrationen und für die Auswahl von Pflanzenarten zum Anbau in Immissionsgebieten müssen außerdem noch die Auswirkungen auf den nach ökonomischen und ideellen Gesichtspunkten bemessenen Nutzungswert bekannt sein. Die in diesem Falle zur Aufstellung von Resistenzgruppen heranzuziehenden Wirkungskriterien sind also auf das Nutzungsziel einer Kultur abzustimmen.

Die Beurteilung der Resistenz bei *Zierpflanzen* erfolgt primär nach äußeren Schädigungsmerkmalen. Wie stark die Resistenzunterschiede bei verschiedenen Tulpenvarietäten und anderen Zwiebelgewächsen sein können, ist den Tab. 3 und 4 zu entnehmen. Nach Begasung mit 5 µg HF/m³ über 27 Stunden zeigten die einzelnen Tulpensorten deutliche Unterschiede in der Anfälligkeit (Tab. 3). Während bei den empfindlichen Sorten *Blue Parrot* und *John Gay* die von den Spitzen ausgehenden Nekrosen fast ein Drittel der gesamten Blattfläche einnahmen, blieben bei den resistenteren Triumphtulpen *Prominence* und *Preludium* die Nekrosen auf die Blattspitzen beschränkt. Die Narzissensorte *King Arthur* war ähnlich anfällig wie die empfindlichen *Papagei-* und *Mendeltulpen*. Auch in einem weiteren Versuch, bei dem 14 verschiedene Tulpensorten mit einer Konzentration von 1,5 µg HF/m³ 290 Stunden begast wurden, ergaben sich ähnlich starke Resistenzabstufungen (Tab. 4).

Zwischen der Länge der Spitzennekrosen und der Fluoranreicherung in den Blättern besteht keine deutliche Beziehung, während nach HITCHCOCK, ZIMMERMANN und COE (1961/62) an Gladiolenvarietäten die Fluoranreicherung in den Blättern mit zunehmender Resistenz anstieg. Vergleichende Untersuchungen über die Resistenzunterschiede bei verschiedenen Varietäten weiterer Zierpflanzen führten zu den in Tab. 5 wiedergegebenen Abstufungen. Die gleichzeitig über 276 Stunden mit 2,0 µg HF/m³ begasten Pflanzen zeigten nicht nur artspezifische, sondern auch deutliche sortenbedingte Unterschiede in der Anfälligkeit. *Krokus* und *Scilla* waren deutlich empfindlicher als die *Hyazinthen-* und *Narzissenvarietäten*, wobei noch besonders die starken Resistenzgraduierungen bei den Narzissensorten hervorzuheben sind.

Tab. 3 Resistenzunterschiede bei verschiedenen Zwiebelgewächsen,
gemessen an der Blattempfindlichkeit
(27 Stunden Begasung mit 5 µg HF/m³)

Pflanzenart	Sorte	Länge der Blattnekrosen in cm	Abnahme in der Empfindlichkeit
Narzisse	King Alfred	7	
Papageitulpe	Blue Parrot	6	
Mendeltulpe	John Gay	6	
Einfache frühe Tulpe	Coleur Cardinal	4	
Darwintulpe	Golden Harvest	3	
Triumphtulpe	Prominence	2	
Triumphtulpe	Preludium	0,5	↓

Tab. 4 Blattempfindlichkeit und Fluoranreicherung bei verschiedenen Tulpensorten
(290 Stunden Begasung mit 1,5 µg HF/m³)

Tulpensorte	F-Gehalt der Kontrolle [mg/100 g TS]	Begaste Pflanzen F-Gehalt [mg/100 g TS]	Nekrosen [cm]	Abnahme in der Empfindlichkeit
Van der Erden	0,6	1,8	4,5	
Korneforus	0,7	1,9	4,0	
Orange Nassau	0,6	1,8	4,0	
Olaf	1,9	3,0	4,0	
Her Grace	0,7	1,7	3,5	
Golden Harvest	0,7	2,5	3,5	
Schoonord	0,7	2,3	3,5	
Fantasy	0,5	1,7	3,0	
Blue Parrot	0,5	1,0	3,0	
Red Pitt	0,6	1,6	2,5	
Coleur Cardinal	0,4	1,1	2,5	
Marshall Haig	0,5	1,4	2,5	
Texas Gold	0,4	0,8	1,5	
Elmus	0,8	2,2	1,0	↓

Anmerkung: F-Gehalt der Blätter ohne Stengel

Tab. 5 Resistenzunterschiede bei Zwiebelgewächsen, beurteilt nach dem Umfang der Blattschädigung
(276 Stunden Begasung mit 2,0 µg HF/m³)

Art und Sorte		Geschädigte Blattfläche in % der gesamten Fläche
Krokus:	Remenbrance	75
	Gelbe Riesen	55
Scilla:		55
Hyazinthe:	Delfts Blauw	45
	City of Harlem	35
	Pink Pearl	35
Narzisse:	Rembrandt	30
	King Alfred	20
	Flowers Record	10 ↓

Da schon bei relativ niedrigen HF-Konzentrationen starke Schädigungen der Zwiebelgewächse eintreten, sind diese Kulturen in Gebieten mit HF-Immissionen besonders gefährdet. Zur Überprüfung der daraus für die Praxis zu ziehenden Schlußfolgerungen wurden daher in ländlichen Gegenden und Industriegebieten *Tulpen*, *Narzissen* und *Hyazinthen* exponiert. Während die Testpflanzen in den ländlichen Bezirken nur vereinzelt geringe, nicht wertmindernde Nekrosen an den äußersten Blattspitzen zeigten, waren sie in den Industriegebieten Rheinhausen und Duisburg bei erhöhten F-Gehalten in den Blättern schwach bis mittelstark geschädigt. Die in der Umgebung einer Aluminiumhütte exponierten Pflanzen wiesen in Abhängigkeit von der Entfernung zum Emittenten unterschiedlich starke Schädigungsgrade auf. Sowohl die Schädigungsintensität als auch die Fluoranreicherung in den Blättern erhöhten sich stark mit Annäherung an die

Tab. 6 *Blattschädigung und Fluoranreicherung bei Tulpen-, Hyazinthen- und Narzissensorten nach 7wöchiger Exposition in ländlichen Gegenden und in Industriegebieten*

Standort	Tulpen Her Grace		Tulpen Golden Harvest		Tulpen Coleur Cardinal		Hyazinthen Pink Pearl		Hyazinthen Delft's Blauw		Narzissen King Alfred		Narzissen Flowers Record	
	S*	F**	S	F	S	F	S	F	S	F	S	F	S	F
Ländliche Gebiete														
Ennepetal	0	1,9	0,5	0,9	0,5	3,0	0	–	0	0,9	0	0,7	0	–
Haßlinghausen	0,5	–	1	1,4	1,0	–	0	–	0	–	0	1,1	0	–
Industriegebiete														
Rheinhausen	2	–	2	1,9	2	–	2	–	2	–	3	2,0	2	–
Duisburg	2	–	3	5,2	–	–	–	–	–	–	–	–	2	–
Umgebung einer Aluminiumhütte (Entfernung und Richtung vom Emittenten)														
1500 m SW	1	–	0,5	–	1	–	1	–	1	–	0	–	0	–
250 m NO	5	–	5	371	5	–	5	–	5	300	5	204	5	–
500 m NO	5	45,6	4	66,4	4	> 20	5	–	5	43,6	5	28,0	5	–
1500 m NO	1	–	2	7,0	1	–	3	–	3	–	3	3,4	0	–
2000 m NO	0,5	–	0,5	3,5	–	–	2	–	1	–	1	2,2	0	–

Anmerkung: Ein Teil der Pflanzen ist durch Diebstahl ausgefallen.
* Schädigungsgrad (S): 0 = ungeschädigt; 1 = sehr schwach; 3 = mittelstark; 4 = stark; 5 = sehr stark.
** Fluorgehalt (F) der Blätter in mg pro 100 g Trockensubstanz.

Immissionsquelle. Die außerhalb der Hauptwindrichtung 1500 m südwestlich vom Werk angebauten Pflanzen wiesen nur geringfügige Schädigungen in Form von Spitzennekrosen auf; demgegenüber waren die in der Hauptwindrichtung 250 m und 500 m nordöstlich der Aluminiumhütte exponierten Kulturen vollkommen wertlos geworden (Abb. 5 und 6). Aber auch auf den weiter entfernten Standorten (1500 m und 2000 m NO) zeigten empfindliche Sorten noch deutliche Einwirkungsmerkmale. Der Fluorgehalt der Pflanzen in Werksnähe war zum Teil um das 300fache höher als der Vergleichswert aus ländlichen Gegenden (Tab. 6). Abschließend kann aus diesem Versuch gefolgert werden, daß Zwiebelgewächse wie Tulpen und Narzissen für den Anbau in Gebieten mit HF-Immissionen kaum in Betracht kommen; sehr gut geeignet sind diese Arten jedoch als biologische Indikatoren für fluorhaltige Luftverunreinigungen, zumal sie gegenüber Schwefeldioxyd relativ resistent sind.

Zur Beurteilung des Resistenzverhaltens *landwirtschaftlicher Kulturen*, gemessen an den Auswirkungen auf den Nutzungswert, kommen neben Blattschädigungen Minderungen im Ertrag sowie die Fluoranreicherung in Pflanzenorganen als Kriterien in Betracht (Tab. 7 und 8).

Tab. 7 Fluoranreicherung und Blattschädigung bei Futterpflanzen
(384 Stunden Begasung mit 0,85 bzw. 2,60 µg HF/m³ in der Zeit vom 8. 8. bis 24. 8. 1967)

Pflanzenart	F-Gehalt [mg F/100 g TS]			Schädigungsgrad*	
	Kontrolle	Begasung mit 0,85 µg/m³	Begasung mit 2,60 µg/m³	Begasung mit 0,85 µg/m³	Begasung mit 2,60 µg/m³
Welsches Weidelgras	2,4	8,2	28,7	–	–
Deutsches Weidelgras	1,8	8,7	14,7	–	–
Knaulgras	1,1	4,1	9,8	–	–
Wiesenschwingel	2,1	6,8	21,8	–	–
Wiesenlieschgras	1,4	3,2	10,5	–	–
Luzerne	2,0	5,1	15,0	Sehr schwache Chlorosen an jüngeren Blättern	Schwache Chlorosen an jüngeren Blättern
Weißklee	2,2	8,1	22,2	–	Sehr schwache Chlorosen
Rotklee	1,9	4,6	18,8	Schwacher chlorotischer Randsaum	Mittelstarke Chlorosen, vereinzelt Nekrosen
Schwedenklee	1,6	6,4	18,0	Sehr schwacher chlorotischer Randsaum	Mittelstarke Chlorosen, vereinzelt Nekrosen
Inkarnatklee	1,6	6,3	21,2	Schwache Chlorosen an jüngeren Blättern	Mittelstarke Chlorosen

* Die äußeren Schädigungsmerkmale in Form von Nekrosen und Chlorosen beeinträchtigten nicht die Qualität der Luzerne und Kleearten als Grünfutter. Im Ertrag war keine gesicherte Auswirkung nachzuweisen.

Tab. 8 Fluoranreicherung und Blattschädigung bei Futterpflanzen
(1145 Stunden Begasung mit 1,1 bzw. 2,8 µg HF/m³ in der Zeit vom 25. 8. bis 12. 10. 1967)

Pflanzenart	F-Gehalt [mg F/100 g TS]			Schädigungsgrad[2]	
	Kontrolle	Begasung mit 1,1 µg/m³	Begasung mit 2,8 µg/m³	Begasung mit 1,1 µg/m³	Begasung mit 2,8 µg/m³
Welsches Weidelgras	2,9	15,1	57,1	–	Sehr schwache Spitzennekrosen
Deutsches Weidelgras	3,1	18,6	58,2	–	Sehr schwache Spitzennekrosen
Knaulgras	2,2	13,7	28,2	–	Sehr schwache Spitzennekrosen
Wiesenschwingel	2,9	18,6	49,5	–	Sehr schwache Spitzennekrosen
Wiesenlieschgras	4,0	15,3	53,0	–	Schwache Spitzennekrosen
Wiesenlieschgras	2,1[1]	–	–	–	–
Luzerne	4,0	14,5	41,1	An jüngeren Blättern sehr schwache Nekrosen	Sehr schwache Chlorosen
Rotklee	3,6	23,8	75,3	Vereinzelt sehr schwache Nekrosen, schwache Chlorosen	Sehr schwache Nekrosen, mittelstarke Chlorosen
Weißklee	4,7	33,5	130,1	Sehr schwache Chlorosen	Schwache Chlorosen
Weißklee	2,4[1]	–	–	–	–

[1] Proben aus Begasungshäuschen mit gefilterter Luft; alle übrigen Begasungshäuschen erhielten ungefilterte Luft.
[2] Im Grünmassenertrag war keine gesicherte Auswirkung nachzuweisen.

Von den Kulturen des Feldfutterbaues zeigten die *Leguminosenarten* wie *Saatwicke*, *Felderbse*, *Ackerbohne* und *Lupine* zwar stärkere Ertragseinbußen als beispielsweise *Hafer*, *Mais* und *Sommerraps*, jedoch ist je nach Entwicklungsstadium der Resistenzunterschied zwischen diesen beiden Gruppen nicht sehr groß, wie auch Begasungen dieser Arten im Gemenge ergaben (Abb. 7 und 8).
Bei einer Begasung mit 10 µg HF/m³ über 190 Stunden auf dem 3- bzw. 4-Blatt-Stadium war der Grünmassenertrag von *Lupine* und *Felderbse* um rd. 20% reduziert, während *Hafer* und *Ackerbohne* praktisch unbeeinflußt blieben. Eine HF-Begasung während späterer Entwicklungsstadien bewirkte auch bei *Hafer* und *Ackerbohne* schwache Ertragsrückgänge (Abb. 7).
Die mit dem Entwicklungsstadium sich ändernde Resistenz war besonders stark in einem weiteren Gemengeversuch mit *Mais*, *Sommerraps*, *Ackerbohne* und *Felderbse* ausgeprägt. Nach einer HF-Begasung auf dem 3-Blatt-Stadium zeigten alle Gemengepartner mehr oder minder starke Ertragseinbußen, auf dem 6-Blatt-Stadium dagegen wurden nur *Ackerbohne* und *Felderbse* im Wuchs behindert, während *Mais* und *Sommer-*

raps gegenüber den Kontrollen sogar ein verbessertes Wachstum aufwiesen. Dadurch war auch der Gesamtertrag des Gemenges nicht vermindert, offenbar als Folge der veränderten zwischenartlichen Konkurrenzbedingungen, wie sie bereits in Versuchen mit Schwefeldioxid nachgewiesen wurden (GUDERIAN, 1966). Bei annähernd gleicher Empfindlichkeit der Pflanzenarten blieben nennenswerte Verschiebungen in der Zusammensetzung der Bestände aus (Abb. 8).

Bei *Futterpflanzen* sind allgemein die unterschiedlichen Auswirkungen auf Wachstum und Ertrag weniger von Bedeutung als die Fluoranreicherung. So wiesen 10 verschiedene *Klee-* und *Grasarten* nach 380stündiger Begasung mit 0,85 bzw. 2,6 µg HF/m³ Luft zwar keine gesicherten Ertragsdepressionen auf, wohl aber toxikologisch bedenkliche Fluoranreicherungen (Tab. 7).

Selbst unter der durchschnittlichen Einwirkungskonzentration von 0,85 µg HF/m³ wurde mit Fluoranreicherungen bis zu 9 mg F/100 g TS der von der Weltgesundheitsorganisation festgelegte Toleranzwert von 3 bis 5 mg F/100 g TS noch überschritten. Bei ständigem Weidegang bzw. ausschließlicher Versorgung von Rindern oder Schafen mit derartigem Futter wird man Fluorosen nicht ausschließen können. Die Fluorakkumulation zwischen den wichtigsten *Klee-* und *Grasarten* ist so wenig differenziert, daß sich hier kaum Ausweichmöglichkeiten zur Gewinnung von Futter mit toxikologisch unbedenklichen Fluorgehalten bieten. Andererseits ist die Fluoranreicherung in vegetativen Pflanzenorganen für die Anbaueignung von *Getreide* und *Hülsenfrüchten* dann von geringerer Bedeutung, wenn diese Pflanzen der *Korn-* bzw. *Samengewinnung* dienen, da sich Fluor nach bisherigen Untersuchungsergebnissen in Samen und Körnern nicht in nennenswertem Maße anreichert.

4. Ermittlung phytotoxischer Fluorwasserstoffkonzentrationen

Als Voraussetzung für die Ermittlung von Grenzwerten phytotoxischer Fluorwasserstoffkonzentrationen waren zunächst die ungefähren Konzentrationsbereiche ausfindig zu machen, in denen bei langanhaltenden Einwirkungen niedriger HF-Konzentrationen noch Schäden an wichtigen land- und forstwirtschaftlichen Kulturen zu erwarten sind. Wir haben deshalb die Auswirkungen bestimmter HF-Konzentrationen auf Wachstum, Ertrag oder Qualität verschiedener Pflanzenarten mit unterschiedlicher Nutzungsrichtung untersucht und die Ergebnisse in den Tab. 9–13 zusammengestellt. An Hand von Beispielen wird die Wirksamkeit bestimmter Fluorwasserstoffkonzentrationen erläutert.

Unter den *Zierpflanzen* reagieren die *Zwiebel-* und *Knollengewächse* sehr empfindlich (Tab. 9). So zeigten verschiedene Tulpenvarietäten wie *Van der Erden, Korneforus, Orange Nassau, Olaf, Her Grace, Golden Harvest, Schoonord, Fantasy* und *Blue Parrot* nach 290stündiger Begasung mit 1,5 µg HF/m³ noch so starke Blattschädigungen, daß sie für den Verkauf praktisch nicht mehr geeignet waren. Aber auch die widerstandsfähigeren Sorten *Red Pitt, Coleur Cardinal, Marshall Haig, Texas Gold* und *Elmus* waren auf Grund 1–2,5 cm langer Spitzennekrosen noch deutlich in der Qualität gemindert. Danach wird man bei Langzeiteinwirkungen auch noch in Gebieten mit Konzentrationen unterhalb von 1,5 µg HF/m³ Luft mit Beeinträchtigungen des erwerbsmäßigen Tulpenanbaues zu rechnen haben. In noch stärkerem Maße gilt das für den Anbau der besonders fluoranfälligen *Gladiole*. Eine den *Tulpen* vergleichbare Empfindlichkeit wiesen *Krokus,*

Tab. 9 Schädigende HF-Konzentrationen bei Zierpflanzen

Pflanzenart	HF-Konzentration c [µg/m³]	Begasungs-dauer t [h]	$c \cdot t$ $\left[\dfrac{\mu g \cdot h}{m^3}\right]$	Art der Schädigung
Gladiole	1,0	72	72	Spitzennekrosen
Knollenbegonie (weiß)	1,0	72	72	Chlorotische Flecken
7 verschiedene Tulpenvarietäten Blue Parrot, John Gay, Coleur Cardinal, Golden Harvest, Prominence, Preludium, King Arthur	5,0	27	135	Sehr schwache bis starke Blattnekrosen
14 verschiedene Tulpenvarietäten Van der Erden, Korneforus, Orange Nassau,	1,5	290	435	Sehr schwache bis starke Blattnekrosen
Red Pitt, Coleur Cardinal, Marshall Haig,	2,9	290	841	Schwache bis sehr starke Blattnekrosen
Texas Gold, Elmus, Olaf, Her Grace, Golden Harvest, Schoonord, Fantasy, Blue Parrot	3,5	340	1190	Mittelstarke bis sehr starke Blattnekrosen
Krokus Remenbrance, Gelbe Riesen	2,0	276	552	Sehr starke Blattnekrosen
Scilla	2,0	276	552	Sehr starke Blattnekrosen
Hyazinthen Delft's Blauw, City of Harlem, Pink Pearl	2,0	276	552	Starke Blattnekrosen
Narzissen Rembrandt, King Alfred, Flowers Rekord	2,0	276	552	Schwache bis mittelstarke Blattnekrosen
Stiefmütterchen	5,0	27	135	Ohne Symptome
Chabaud Nelke	25	114	2850	Schwache Nekrosen
Stauden-Lupine	25	114	2850	Schwache Chlorosen und sehr starke Nekrosen
Tagetes	25	114	2850	Ohne Symptome
Löwenmaul	25	114	2850	Ohne Symptome
Chrysantheme	25	114	2850	Sehr schwache Chlorosen
Rhododendron	13,4	216	2894	Schwache Chlorosen

Scilla, *Hyazinthen* und *Narzissen* auf. Bei einer Konzentration von 2 µg HF/m³ starben noch bis zu 75% der gesamten Blattfläche ab. Ebenso wie bei den *Tulpen* waren auch hier deutliche sortenspezifische Unterschiede in der Empfindlichkeit zu beobachten. Eine wesentlich höhere Resistenz als die *Zwiebelgewächse* zeigten *Stiefmütterchen*, *Chabaudnelke*, *Lupine*, *Tagetes*, *Löwenmaul*, *Chrysantheme* und *Rhododendron*.

Im *Futterpflanzen*anbau wird vor allem die Fluoranreicherung in den Pflanzen als Maßstab für die Begrenzung schädigender HF-Konzentrationen bestimmend sein. Übersteigt nämlich der Fluorgehalt in Futtermitteln 3–5 mg F/100 g TS, so können Fluorintoxikationen insbesondere bei Rindern und Schafen zu Erkrankungen sowie Leistungsminderungen führen. Bei Fluorgehalten über 125 mg F/100 g TS ist sogar mit akuten Fluorvergiftungen zu rechnen, die binnen weniger Tage zum Tode führen. Nach den in Tab. 7 aufgeführten Versuchsergebnissen kam es bei *Klee-* und *Grasarten* des Dauergrünlandes und des Feldfutterbaues bei einer durchschnittlichen Konzentration von 0,85 µg HF/m³ Luft noch zu Fluoranreicherungen bis 9 mg F/100 g TS, die als toxikologisch bedenklich anzusehen sind. Bei Begasungen mit 2,8 µg HF/m³ über 1145 Stunden erfolgten Fluoranreicherungen, die sogar zu akuten Vergiftungen führen können (Tab. 8). Auch bei diesem Versuch mit 2,8 µg HF/m³ Luft und einer Einwirkungszeit von 1145 Stunden waren weder bei den *Gräsern* noch bei den *Kleearten* signifikante Ertragsausfälle nachzuweisen. Weiterhin waren die Blattschädigungen in Form von Chlorosen und schwachen Nekrosen so gering, daß sie die Qualität des Grünfutters nicht nennenswert verminderten. Ertragsdepressionen sind bei anderen Futterpflanzen wie *Saatwicke*, *Hafer*, *gelber Süßlupine* und *Felderbse* erst bei Konzentrationen oberhalb von 4 µg HF/m³ festgestellt worden (Abb. 7 und 8).

Für *Getreide* lassen sich nach den bisherigen Ergebnissen folgende Angaben über schädliche Fluorwasserstoffkonzentrationen machen: *Hafer*, der während früher Entwicklungsstadien (4-Blatt-Stadium bis zum Schossen) 360 Stunden lang mit 5,1 µg HF/m³ begast wurde, wies eine Minderung im Grünmassenertrag von rd. 25% auf, während eine gleichlange Einwirkung von 4,4 µg HF/m³ zur Zeit des Rispenschiebens ohne Auswirkung blieb. Begasungen während verschiedener Entwicklungsstadien vom 2-Blatt-Stadium bis zum Rispenschieben mit jeweils 5 µg HF/m³ über 216 Stunden hatten keinen Einfluß auf den Kornertrag. Auch ein analoger Versuch mit *Sommergerste* erbrachte das gleiche Ergebnis. *Wintergerste*, auf einzelnen frühen Entwicklungsstadien (2-Blatt-Stadium bis zur Hauptbestockung) jeweils über 290 Stunden mit 3,3 µg HF/m³ begast, zeigte Wuchsminderungen bis zu 10% (Tab. 10, s. Anhang).

Bei *Zuckerrübe* blieben nach einer 260stündigen Begasung mit 10,8 µg HF/m³ die noch in der Entwicklung begriffenen Blätter im Wachstum zurück, ohne äußere Schädigungssymptome in Form von Chlorosen oder Nekrosen zu zeigen (Tab. 11, s. Anhang). Bemerkenswerterweise wiesen die älteren Blätter der begasten Pflanzen ein höheres Trockengewicht auf als die der unbehandelten Kontrolle. Der Ertrag von *Küchenzwiebeln* wurde durch eine Einwirkung von 5,3 µg HF/m³ über 608 Stunden nicht beeinträchtigt; jedoch waren bei starker Fluoranreicherung (21 mg F/100 g TS) die Spitzen der Schlotten bis zu einer Länge von 2,5 cm abgestorben. Eine Minderung im Zwiebelertrag wurde erst bei einer Konzentration von 12,7 µg HF/m³ festgestellt. Der Fluorgehalt der Zwiebeln war im Gegensatz zu dem der Schlotten nicht erhöht (Tab. 12, s. Anhang). *Kopfsalat*, der nach 36stündiger Begasung mit 5,1 µg HF/m³ symptomfrei war, wies mit 5,6 mg F/100 g TS einen schwach erhöhten Fluorgehalt auf. In einem orientierenden Versuch mit Stachelbeere ließen sich keine Qualitätsminderungen durch Beeinträchtigungen der äußeren Beschaffenheit der Beeren oder durch Änderungen der Zusammensetzung wertbestimmender Inhaltsstoffe feststellen (Tab. 13, s. Anhang).

Eine Übersicht schädigender HF-Konzentrationen für landwirtschaftliche und gärtnerische Kulturen vermittelt Tab. 14.

Unter den *Forstkulturen* reagierten vor allem einzelne Nadelhölzer sehr empfindlich (Tab. 15). Beispielsweise zeigte die *Weymouthkiefer* bei einer mittleren Konzentration von 1,3 µg HF/m³ schon nach einer Einwirkungszeit von 168 Stunden hellbraune Spitzennekrosen. Ähnlich empfindlich war die *Fichte*, während die *Schwarzkiefer* einen deutlich höheren Resistenzgrad aufwies. *Wacholder* und *Eibe* zählen zu den relativ unempfindlichen Arten. Auch einige Laubholzarten zeigten schon bei einer Konzentration von 1,3 µg HF/m³ Blattschädigungen in Form von Aufhellungen und Nekrosen. Zwar stellen bei Forstkulturen Nekrosen und Verfärbungen an den Blättern noch keine Beeinträchtigung im Nutzungswert dar, jedoch dürften die oft schon nach wenigen Tagen blattschädigenden HF-Konzentrationen bei Langzeiteinwirkungen Höhen- und Dickenwachstum wesentlich behindern.

Tab. 14 Schädigende HF-Konzentrationen bei landwirtschaftlichen und gärtnerischen Kulturen

Pflanzenart	HF-Konzentration c [µg/m³]	Begasungsdauer t [h]	$c \cdot t$ $\left[\dfrac{\mu g \cdot h}{m^3}\right]$	Art der Schädigung
Welsches Weidelgras	0,85	384	326	Tiergefährdende Fluoranreicherung, in der höchsten Konzentrationsstufe zusätzlich schwache Spitzennekrosen
Deutsches Weidelgras	1,1	1145	1260	
Knaulgras	2,6	384	998	
Wiesenschwingel	2,8	1145	3206	
Wiesenlieschgras				
Luzerne	0,85	384	326	Tiergefährdende Fluoranreicherung, sehr schwache bis mittelstarke Chlorosen, sehr schwache Nekrosen
Rotklee	1,1	1145	1260	
Weißklee	2,6	384	998	
Schwedenklee	2,8	1145	3206	
Inkarnatklee				
Wintergerste	3,3	290	957	Wuchsdepression und sehr schwache Blattnekrosen
Sommergerste	5,0	216	1080	Keine signifikante Auswirkung auf den Kornertrag
Hafer	5,0	216	1080	Keine signifikante Auswirkung auf den Kornertrag
Hafer	5,1	360	1836	Wuchsminderung, sehr schwache Spitzennekrosen

Tab. 14 (Fortsetzung)

Pflanzenart	HF-Konzentration c [µg/m³]	Begasungsdauer t [h]	$c \cdot t$ $\left[\dfrac{\mu g \cdot h}{m^3}\right]$	Art der Schädigung
Hafer	13,7	360	4932	Wuchsminderung, schwache Spitzennekrosen
Saatwicke	4,4	359	1580	Ertragsdepression und schwache Blattvergilbungen
Saatwicke	5,1	360	1836	Ertragsdepression
Saatwicke	13,7	360	4932	Ertragsdepression und schwache Verfärbungen
Gelbe Süßlupine	10,1	190	1919	Ertragsdepression und sehr schwache Chlorosen
Felderbse	10,1	190	1919	Ertragsdepression und schwache Blattverfärbungen
Zuckerrübe	10,8	260	2808	Beeinträchtigung des Blattwachstums, keine Symptome
Küchenzwiebel	5,3	608	3222	Schwache Spitzennekrosen, starke F-Anreicherung in den Schlotten, aber nicht in den Zwiebeln
Küchenzwiebel	12,7	608	7722	Sehr starke Nekrosen, Minderung im Zwiebelertrag
Stachelbeere	25,0	40	1000	Mittelstarke Blattnekrosen, keine Auswirkungen auf wertbestimmende Inhaltsstoffe der Beeren

Tab. 15 Blattschädigende HF-Konzentrationen für Gehölze

Pflanzenart	HF-Konzentration c [µg/m³]	Begasungsdauer t [h]	$c \cdot t$ $\left[\dfrac{\mu g \cdot h}{m^3}\right]$	Art der Schädigung
Eberesche	1,3	240	312	Schwache Aufhellungen auf der Blattspreite
Rotbuche	1,3	1440	1872	Schwache Blattnekrosen
Spitzahorn	4,2	168	706	Hellgrüne Aufhellungen auf der Blattspreite
Weymouthkiefer	1,3	168	218	Hellbraune nekrotische Nadelspitzen
Fichte	1,3	240	312	Vereinzelt nekrotische Nadelspitzen
Fichte	5,4	270	1458	Starke Nekrosen
Japanische Lärche	1,3	408	530	Schwache Spitzennekrosen
Nordmannstanne	1,3	408	530	Schwache Spitzennekrosen
Schwarzkiefer	4,2	240	1008	Schwache Spitzennekrosen
Wacholder	5,5	438	2409	Schwache Spitzennekrosen
Eibe	22,0	120	2640	Sehr schwache Spitzennekrosen

5. Schädigungssymptome

Kenntnisse über die äußeren Schädigungsformen und ihren Ablauf bilden in Verbindung mit der chemischen Pflanzenanalyse und der Luftanalyse die Grundlage zum Nachweis pflanzenschädigender HF-Immissionen. Wenn auch die Schädigungssymptome in Form von Nekrosen, Chlorosen und Änderungen im Habitus der Pflanze nicht so spezifisch sind, daß sie als alleiniges Mittel zur sicheren Identifizierung von HF-Einwirkungen ausreichen, so geben sie doch bei Beachtung der unterschiedlichen artspezifischen Resistenz der verschiedenen an einem Pflanzenstandort vorkommenden Arten einen wesentlichen Anhalt für die Diagnose. Beispielsweise werden in Gebieten mit SO_2-Immissionen bestimmte *Nadelhölzer* sowie die Mehrzahl der *Schmetterlingsblütler* und der *Gramineen* eher geschädigt als *Gladiolen* und *Tulpen*, während unter HF-Einwirkungen Schädigungen zuerst an den beiden letztgenannten Pflanzenarten zu erwarten sind. Zu den fluorempfindlichen Pflanzen zählen auch verschiedene relativ SO_2-resistente *Steinobstarten*. Der Einfluß von Blattalter und Entwicklungsstadium auf die Verteilung der Schädigungssymptome an der Pflanze sowie die Bedeutung von Konzentrationshöhe und Umweltbedingungen für das Schadbild sind ebenfalls bei der Diagnose zu beachten.

Bei den durch HF-Immissionen verursachten Blattschädigungen lassen sich, wie bei anderen phytotoxischen Gasen, *chronische* und *akute* Schädigungsformen unterscheiden. Chronische Schädigungen entstehen nach langanhaltenden Einwirkungen niedriger HF-Konzentrationen und äußern sich in grüngelben Flecken oder in einer Vergilbung der ganzen Blattspreite. Die hauptsächlich über die Spaltöffnungen eingedrungenen gasförmigen Fluorverbindungen werden zu den Spitzen oder Rändern der Blätter transportiert (Halbwachs, 1963) und lösen hier nach Anreicherung zu letalen Dosen akute Symptome in Form von Nekrosen aus. Außerdem können hohe HF-Konzentrationen unmittelbar an den Eintrittsstellen zu nekrotischen Fleckenbildungen führen.

5.1 Akute Blattschädigungen

Als frühe Symptome einer akuten HF-Schädigung treten an den Blättern im allgemeinen graugrüne Verfärbungen auf, die je nach Pflanzenart in elfenbeinfarbene bis weiße, braune, rotbraune oder auch schwarzbraune Nekrosen übergehen. Der zeitliche Ablauf der akuten Schädigung wird neben dem Schadstoffangebot noch von den Umweltbedingungen und dem Entwicklungsstadium der Pflanzen bestimmt.

Monokotyle Pflanzen – Bei den monokotylen Pflanzenarten äußern sich akute Schädigungen in Form elfenbeinfarbener bis brauner Nekrosen, die vornehmlich von den Blattspitzen ausgehen. Daneben beobachtet man vereinzelt auch Nekrosen an den Blatträndern sowie nekrotische Streifungen auf den Spreiten.

Getreidearten und *Gräser* zeigen ausgeprägte Blattspitzennekrosen, die entlang der Blattränder auslaufen können. Bei höheren HF-Konzentrationen dehnen sich die Spitzennekrosen basalwärts aus, wobei unterhalb der abgestorbenen Blattspitzen zusätzlich chlorotische oder nekrotische Streifungen auftreten. Weiterhin reagieren *Narzisse* (s. Abb. 6), *Hyazinthe*, *Scilla*, *Krokus* und *Ferrarie* mit Spitzennekrosen, die nach graugrünen und bräunlichen Zwischenstadien eine grauweiße Endfärbung annehmen. Auch bei *Gladiolen* beginnen die Schädigungen an der Spitze und dehnen sich mit anhaltender Einwirkung sukzessiv auf dem Blatt aus (s. Abb. 2). Die graugrünen bis gelbbraunen Anfangsverfärbungen, die beispielsweise bei einer Konzentration von 1 µg HF/m^3 nach 3tägiger Begasung auftraten, erreichten über hellbraune Zwischenfärbungen nach zwei Wochen das elfenbeinfarbene Endstadium. Die von der Blattspitze ausgehenden Nekrosen laufen häufig in Form eines Saumes entlang der Blattränder aus. Hohe Konzentrationen verursachen zusätzlich nekrotische Streifungen in der Blattspreite. Neben Schädigungen an den Laubblättern treten auch Nekrosen an den Kelchblättern auf (Abb. 3); die Blütenblätter dagegen sind im allgemeinen widerstandsfähiger, können über unter höheren Konzentrationen ausbleichen. Schließlich sind punkt- oder fleckenförmige Verätzungen der Blütenblätter nach Lösung von Fluorwasserstoff in Wassertröpfchen möglich. Ähnliche Schädigungsbilder wie *Gladiole* zeigen *Schwertlilie*, *Mont-*

bretie und *Mais*. An *Tulpen* sind je nach Konzentrationshöhe, Blattalter und Sorte zwei Grundformen der Schädigung zu unterscheiden, nämlich allein auf die Blattspitze beschränkte Nekrosen oder Spitzennekrosen, die sich als Saum entlang der Blatträndern fortsetzen (s. Abb. 5). Zwischen dem abgestorbenen und dem grünen Blatteil befindet sich häufig eine chlorotische Übergangszone oder auch eine rotbraune Trennlinie, wie z. B. an der *Gladiole*. Die *Schwertlilie* zeigt häufig beide Übergangsformen gleichzeitig, und zwar folgt auf den nekrotischen Blatteil die rotbraune Trennlinie und danach zum grünen Blattgewebe hin ein chlorotischer Saum. Bei *Tulpen* schließt sich vielfach an die abgestorbene Blattspitze eine dunkelgrün verfärbte Absterbezone an, die sich basalwärts verschiebt, wohl als Folge der Fluoranreicherung zu letalen Dosen in dem an die Nekrosen angrenzendem Gewebe.

Dikotyle Pflanzen – An den Blättern dikotyler Pflanzen herrschen ebenfalls Spitzen- und Randnekrosen vor, während nach Schwefeldioxideinwirkungen namentlich breitblättrige Arten Interkostalnekrosen aufweisen. Bei *Kleearten* wie auch bei *Felderbse* und *Saatwicke* verursachen niedrige HF-Konzentrationen chlorotische Aufhellungen, insbesondere an den Blatträndern (Abb. 9). Hervorgerufen wurde diese Schädigung durch eine 6tägige Einwirkung von 2 µg HF/m^3 Luft. Die nach längeren Einwirkungszeiten bzw. bei höheren HF-Konzentrationen auftretenden Randnekrosen behindern das Wachstum insbesondere der Blattrandzonen, so daß sich die Blattspreiten löffelartig aufwölben, eine für Fluoreinwirkungen vielfach als typisch bezeichnete Schädigungsform (Abb. 9).

Bei *Spinat* und *Rübenpflanzen* treten neben Chlorosen an jüngeren Blättern und Vergilbungen an älteren gelegentlich weißliche Nekrosen auf, zum Teil auch in den Interkostalfeldern. Auch die *Ackerbohne* weist außer schwarzbraunen Randnekrosen häufig noch Interkostalflecken auf. Unter den Zierpflanzen zeigen *Chabaudnelken* namentlich an jüngeren Blättern elfenbeinfarbene Spitzennekrosen mit einer rotbraunen Trennlinie zum grünen Blatteil hin. Bei *Staudenlupinen* variieren die Schädigungsformen deutlich mit dem Blattalter. Während jüngere Fiederblättchen an den Blatträndern auslaufende Spitzennekrosen aufweisen, bestimmen an den nächst älteren Blättern Chlorosen das Schädigungsbild. An den ältesten Blättern schließlich sind nur noch schwache chlorotische Marmorierungen wahrzunehmen; die Infloreszenzen bleiben symptomfrei. Die fluorempfindliche weiße *Knollenbegonie* reagierte nach 3tägiger Einwirkung von 1 µg HF/m^3 mit hellgrünen, von den Blatträndern in die Interkostalfelder ausstrahlenden Aufhellungen, die bei Fortsetzung der Begasung in braune Nekrosen übergingen (Abb. 10). Die Blütenblätter lassen gelegentlich transparente Flecken oder Aufhellungen entlang der Ränder erkennen. An *Dahlien* können, wie auch THOMAS (1961) beschreibt, die ganz jungen Blätter unter Schwarzfärbung absterben; ältere Blattstadien weisen lediglich schwache Chlorosen auf.

In ähnlicher Weise wie bei den *Dahlien* sterben auch an *Pappel*, *Roterle*, *Spitzahorn* und *Birke* die jungen Blätter zur Zeit der Entfaltung unter Schwarz- bzw. Braunfärbung ab, während ältere Blätter lediglich chlorotische Verfärbungen aufweisen. Allgemein herrschen bei den Laubhölzern an ganzrandigen Blättern Spitzen- und Randnekrosen vor; an Blättern mit mehr oder weniger tiefen Einschnitten setzt die Schädigung an den gezähnten oder gelappten Vorsprüngen sowie in den Blattbuchten ein. Bei der *Rotbuche* können die rotbraunen Nekrosen den ganzen Blattrand einnehmen und unter starken Immissionen zungenförmig in die Interkostalfelder vordringen, wie das beispielsweise in der näheren Umgebung von HF-Quellen zu beobachten ist (Abb. 11). Auf die Blattspreite übergreifende Randnekrosen treten auch an der *Kirsche* auf (Abb. 12). Für die *Pappel* sind schwarzbraune Randnekrosen, gelegentlich von nekrotischen Flecken auf der Lamina begleitet, weitgehend typisch (Abb. 13). Schwärzliche Schädigungen an

Blattspitzen und Blatträndern beobachtet man noch bei *Birne, Esche* und *Walnuß*. An der relativ HF-resistenten *Robinie* äußern sich erste Anzeichen einer Schädigung als Chlorosen, gefolgt von grüngrauen Verfärbungen, die schließlich in grauweiße Nekrosen übergehen. Die so geschädigten Blättchen fallen häufig schon nach leichter Berührung ab. Während an jungen Fiederblättern die endständigen Blättchen am ehesten geschädigt werden, verlagert sich mit zunehmendem Alter die Empfindlichkeit auf die basalwärts folgenden Fiederblättchen. Bevorzugte Stellen der Schädigung an gegliederten Blattspreiten sind, wie schon erwähnt, die Spitzen und Blattbuchten, so z. B. bei *Spitzahorn, Rot-* und *Stieleiche, Feldahorn, Eberesche, Stachelbeere* und *Wein* (Abb. 14).

Nadelhölzer – An Koniferen äußern sich akute Schädigungen in rotbraunen Nekrosen, die hauptsächlich von den Nadelspitzen ausgehen und die sich in Abhängigkeit von der HF-Konzentration bis zur Basis erstrecken können. Die *Weymouthkiefer* zeigte beispielsweise als frühe Symptome einer Schädigung bei einer Konzentration von 1,3 µg HF/m^3 an den Nadelspitzen fahlgrüne Verfärbungen, die nach einer Gesamteinwirkungsdauer von 7 Tagen in hellbraune Nekrosen übergingen. Bemerkenswerterweise findet man im Gegensatz zu SO_2-Wirkungen häufig neben fast bis zur Basis nekrotisierten Nadeln solche, die nur schwach oder gar nicht geschädigt sind, wie das Beispiel *Schwarzkiefer* in Abb. 15 verdeutlicht. Selbst an stark geschädigten Fichtentrieben sind häufig noch einzelne grüne Nadeln vorhanden. Umgekehrt trifft man insbesondere bei den relativ resistenten *Juniperus-* und *Taxusarten* in den grünen Trieben einzelne abgestorbene Nadeln an. Nadeln von *Fichte, Douglasie* und *Tanne* fallen nach HF-Einwirkungen mitunter auch dann ab, wenn äußere Schädigungssymptome fehlen. Dagegen verbleiben geschädigte Kiefernadeln an den Trieben; der nekrotische Nadelteil knickt allerdings im Laufe der Zeit ab.

Im allgemeinen sind die Nadeln des letzten Jahrganges am empfindlichsten, obwohl die Fluorakkumulation in den jüngsten Nadeln nicht immer am höchsten ist. Auch am selben Trieb findet man eine altersabhängige Nadelanfälligkeit, die sich in Zonen unterschiedlich starker Schädigung äußert.

5.2 Chronische Blattschädigungen

Neben den akuten Schädigungen treten noch chronische in Form von Blattchlorosen auf; sie äußern sich in grüngelben Flecken oder in einer Vergilbung der ganzen Blattspreite. Die chlorotischen Verfärbungen, oft das einzige äußere Merkmal einer HF-Einwirkung, sind bei dieser Luftverunreinigung weiter verbreitet als bei anderen sauren Gasen wie Schwefeldioxid und Stickstoffdioxid. Mit Blattchlorosen sind häufig Wuchsbehinderungen oder Ertragsausfälle verbunden. Vielfach setzen die Chlorosen an den Blatträndern ein und können von hier aus auf die Blattspreite übergreifen (s. Abb. 9). Namentlich bei den schmalblättrigen Monokotylen wie *Getreide, Gräser, Scilla* und *Gladiole* entstehen an den Blattspitzen chlorotische Verfärbungen, die sich bei anhaltender Einwirkung basalwärts ausdehnen. Außerdem beobachtet man an *Getreide* und insbesondere an *Mais* noch nekrotische Längsstreifungen auf der Blattspreite. *Koniferen* zeigen hauptsächlich an den Nadelspitzen chlorotische Aufhellungen, wobei vielfach die äußerste Spitze unter Braunfärbung abstirbt. Seltener erstrecken sich chlorotische Verfärbungen über die ganze Nadel.

Die fleckige Chlorosis ist durch vergilbte Zonen gekennzeichnet; sie verleihen dem Blatt ein marmoriertes Aussehen, wenn sie in größerer Zahl auftreten. Besonders ausgeprägt ist diese Art chronischer Schädigung beispielsweise an *Rhododendron, Lupine* und *Felderbse*.

Eine *allgemeine Chlorosis*, d. h. eine Verfärbung der ganzen Blattspreite, ist namentlich an Laubhölzern nach Einwirkungen niedriger HF-Konzentrationen vielfach als einziges

Symptom einer Schädigung zu beobachten. Bei Fortdauer der Begasung beginnen die so geschädigten Blätter von der Spitze oder den Rändern her abzusterben, und zwar als Folge der Fluorakkumulation zu letalen Dosen (Abb. 16).

Während Schwefeldioxid-Immissionen vorwiegend an älteren Blättern eine allgemeine Chlorosis auslösen, tritt sie beim Fluorwasserstoff häufig auch an jüngeren, noch in der Entwicklung begriffenen Blättern auf. Sofern die Schädigungen nicht zu stark sind, können die Blätter nach Beendigung der Begasung im Verlaufe mehrerer Wochen wieder normal grün werden. Die Regeneration der Chloroplastenpigmente erfolgt aber im allgemeinen zögernder als nach vergleichbaren Schädigungen durch Schwefeldioxid.

Die chronischen Schädigungen in Form von Blattchlorosen haben für sich allein jedoch nur geringe symptomatologische Bedeutung, da andere abiotische Einflüsse zu ähnlichen Erscheinungen führen können. In Verbindung mit Merkmalen akuter Schädigung und unter Berücksichtigung der artspezifischen Resistenz vermögen sie allerdings wichtige Hinweise auf HF-Immissionen zu geben. Beide Schädigungsformen können sowohl an derselben Pflanze als auch an einem Blatt nebeneinander auftreten. So zeigten beispielsweise *Kleearten* an jüngeren Blättern Chlorosen, während ältere Blätter zusätzlich noch Nekrosen aufwiesen. Auch an den Blättern von *Laubbäumen* sind beide Schädigungstypen nebeneinander zu beobachten (s. Abb. 11). Nekrosen sind häufig von einem schmalen chlorotischen Saum eingefaßt; namentlich bei älteren Blättern bleibt jedoch die chlorotische Verfärbung nicht auf die nähere Umgebung der Nekrosen beschränkt, sie erfaßt vielmehr nach und nach das ganze Blatt. Häufig sind Chlorosen auch Vorläufer von Nekrosen. So äußern sich beispielsweise bei *Kleearten* erste Anzeichen einer Schädigung durch chlorotische Verfärbungen der Blattränder; indem sie mit anhaltender HF-Einwirkung auf die Blattspreite übergreifen, entstehen vom Blattrand her Nekrosen (s. Abb. 9). Bei schmalblättrigen Monokotylen bilden chlorotische Aufhellungen häufig einen Übergang von der nekrotischen Blattspitze zum grünen basalen Blatteil.

6. Fluoranreicherung in Pflanzenorganen

Nachdem schon in den Abschnitten 2–4 die Anreicherung von Fluor in Futterpflanzen sowie der Zusammenhang zwischen F-Gehalt der Blätter und Umfang der Blattnekrosen erörtert worden ist, sollen hier spezielle Fragen der Fluoraufnahme im Hinblick auf die Anwendung der chemischen Blattanalyse zur Erkennung von Fluoreinwirkungen untersucht werden. Obwohl Fluoride im Boden in wechselnden Gehalten vorkommen (bis 30 und mehr mg pro 100 g Trockensubstanz), sind die natürlichen F-Gehalte der Pflanzen gering und schwanken nur wenig; sie liegen im allgemeinen unterhalb von 3 mg je 100 g pflanzlicher Trockensubstanz (GARBER, GUDERIAN und STRATMANN, 1967; GARBER, 1967). Die Anreicherung des Fluors durch Aufnahme aus der Luft kann aber ein Vielfaches des natürlichen Gehaltes betragen, weshalb die Anwendung der Blattanalyse bei Einwirkung dieser Immissionskomponente weitaus unproblematischer ist als z. B. bei Schwefeldioxid-Einwirkungen (GUDERIAN, 1969). So wird der natürliche S-Gehalt erst nach starken SO_2-Einwirkungen auf das Doppelte erhöht. Wenn in einer Pflanze Fluorgehalte von mehr als 3 mg pro 100 g Trockensubstanz gefunden werden, liegt ein Hinweis auf Verunreinigung der Luft mit fluorhaltigen Verbindungen vor. Steigt der Fluorgehalt in den Pflanzen unter ansonsten vergleichbaren Bedingungen mit

Annäherung an eine Immissionsquelle an, so ergibt sich daraus die Möglichkeit zur Herkunftsbeurteilung der Fluorimmissionen. Da für die Fluoranreicherung neben dem Schadstoffangebot auch der Entwicklungszustand der Pflanze bestimmend ist, sind spezielle Untersuchungen über die Fluoraufnahme in Abhängigkeit von Blattalter und Entwicklungsstadium durchgeführt worden.

6.1 Fluoranreicherung in Abhängigkeit vom Blattalter

Die Bedeutung des Blattalters und des Entwicklungsstadiums für die Fluoranreicherung wurde in Begasungsversuchen an ein- und mehrjährigen Pflanzenarten untersucht. Bei *Grünkohl* nahm die Fluoranreicherung in den Blättern deutlich mit dem Blattalter zu. So reicherten die jüngsten, etwa 2 Wochen alten Blätter (mit 4,5 mg F/100 g TS) und die vollentwickelten 4 Wochen alten Blätter (mit 17 mg F/100 g TS) erheblich weniger Fluor an als die 6 Wochen alten, bereits schwach vergilbten Blätter (mit 29 mg F/100 g TS). Analoge Versuche mit *Spinat*, *Markstammkohl* und *Pappel* zeigten eine gleichartige Tendenz (Tab. 16–18, s. Anhang). Demgegenüber weisen bei Schwefeldioxideinwirkungen die gerade voll entwickelten Blätter im Vergleich zu den jüngeren und älteren Blättern die höchsten Schwefelanreicherungen auf (GUDERIAN, 1969).

In einem Versuch mit *Spinat* wurde geprüft, ob und wie sich die unterschiedliche Zunahme der Blattmasse verschieden alter Blätter auf die Fluoranreicherung auswirkt. Es wurde deshalb sowohl bei Versuchsbeginn als auch bei Versuchsende die Trockensubstanz des 1., 2. und 3. Blattpaares bestimmt (Tab. 19, s. Anhang). Wie Abb. 17 verdeutlicht, hat im Verlaufe der 7tägigen Begasung das Trockengewicht bei diesen drei Blattpaaren um das 1,7fache, 4fache bzw. 175fache des Ausgangswertes zugenommen. Der F-Gehalt wies eine gegenläufige Tendenz auf, d. h. mit zunehmendem Blattalter und Abnahme der relativen Trockensubstanzbildung erhöhte sich die F-Anreicherung.

Während diese Experimente einen deutlichen Anstieg der Fluoranreicherung mit dem Blattalter erkennen ließen, waren bei anderen Versuchen die Zusammenhänge weniger klar. Beispielsweise wiesen bei *Sommerraps* die 4 Wochen alten Blätter eine stärkere F-Anreicherung als ältere und jüngere auf (Tab. 20, s. Anhang). Verschiedene Nadeljahrgänge der *Fichte* zeigten keine ausgeprägten altersabhängigen Unterschiede (Tab. 21, s. Anhang); in allen drei Nadeljahrgängen war der Fluorgehalt annähernd gleich (Abb. 18). In weiteren Untersuchungen mit *Schwarzkiefer* und *Weymouthkiefer* war nach der ersten HF-Einwirkung die Fluoraufnahme bei den jüngeren Nadeljahrgängen am stärksten; nach erneuter Begasung war aber dann bei den älteren Nadeln die höchste Fluoraufnahme zu beobachten. Dagegen war bei der *Fichte* sowohl nach der ersten als auch nach der zweiten Einwirkung die Fluorzunahme in den ältesten Nadeljahrgängen am stärksten (Tab. 22, s. Anhang). Bei *Ahorn* schließlich war die Fluoranreicherung in den jüngsten, vollentfalteten Blättern am stärksten und fiel mit zunehmendem Blattalter ab (Tab. 23, s. Anhang).

Zusammenfassend kann nach den vorliegenden Untersuchungen gesagt werden, daß die Fluoranreicherung in Blättern häufig altersabhängige Unterschiede aufweist, die aber wegen der zum Teil gegenläufigen Tendenzen noch nicht zu deuten sind. Zur Klärung dieser Fragen sind daher noch weitere Untersuchungen notwendig.

6.2 Fluoranreicherung in Abhängigkeit vom Entwicklungsstadium

Für diese Untersuchungen wurden die zu verschiedenen Zeitpunkten ausgesäten Pflanzen nebeneinander mit Fluorwasserstoff begast, so daß die Pflanzen auf verschiedenen Entwicklungsstadien gleichen Umweltbedingungen ausgesetzt waren. *Sommerraps*, der auf dem 2-Blatt-Stadium, 3-Blatt-Stadium und dem Stadium der kleinen Rosette an 9 Tagen kontinuierlich mit 10,3 µg HF/m³ Luft begast wurde, zeigte eine deutliche Abnahme in der Fluoranreicherung mit dem Pflanzenalter (Abb. 19, Tab. 24, s. Anhang). Auch auf den noch folgenden Entwicklungsstadien des *Sommerrapses* blieb die gleiche Tendenz erhalten (Abb. 20, Tab. 25, s. Anhang). Ähnliche Resultate wurden bei Versuchen mit *Hafer* erzielt (Abb. 21, Tab. 26, s. Anhang).

Neben der Fluoranreicherung ist auch die Trockensubstanzbildung während der Begasung ermittelt worden, um den Einfluß unterschiedlich starker Wuchsleistungen der Pflanzen in den einzelnen Entwicklungsstufen auf die Fluoranreicherung prüfen zu können. Die relative Trockensubstanzbildung während der einzelnen Entwicklungsstadien, d. h. die Zunahme an pflanzlicher Substanz während der Begasung in Prozent des jeweiligen Ausgangsgewichtes bei Versuchsbeginn, fällt ebenso wie die Fluoranreicherung mit dem Pflanzenalter ab. Zwischen Fluorakkumulation und pflanzlicher Stoffproduktion besteht somit eine gewisse Parallelität (vgl. Abb. 19–21, Tab. 24–26, s. Anhang). Die Fluoranreicherung hängt also auch wesentlich vom Entwicklungsstadium und der Wuchsintensität der Pflanze zum Zeitpunkt der HF-Einwirkung ab.

Die Intensität der pflanzlichen Stoffproduktion beeinflußt aber nicht nur die Fluoranreicherung während der Begasung, sondern auch den Fluorgehalt der Pflanze in der Zeit nach einer HF-Einwirkung. Wie der Abb. 22 zu entnehmen ist, fiel der Fluorgehalt bei verschiedenen Entwicklungsstadien des *Sommerrapses* um so stärker ab, je größer die Stoffproduktion während der begasungsfreien Zeitspanne war. So ging beispielsweise bei den ältesten, vergleichsweise schwach wachsenden Rapspflanzen während einer 11tägigen begasungsfreien Zeitspanne der F-Gehalt von 31,5 auf 10,5 mg/100 g TS zurück, bei den jüngsten Pflanzen mit dem intensivsten Wachstum dagegen von 46,9 auf 6,2 mg/100 g TS (Tab. 24, s. Anhang).

Zusammenfassend kann festgestellt werden, daß die starke Fluoranreicherung in Pflanzenorganen durch Aufnahme von Fluorverbindungen aus der Luft auf Grund der geringen Schwankungen des normalen F-Gehaltes der Pflanzen gute Voraussetzungen für den Nachweis fluorhaltiger Immissionen über die chemische Pflanzenanalyse bietet. Jedoch ist der große Einfluß der Wuchsintensität auf die Fluoranreicherung sowie auf den Abfall des F-Gehaltes in immissionsfreien Zeitspannen zu beachten, so daß Gebiete mit fluorhaltigen Immissionen nur dann mit Hilfe der Pflanzenanalyse zuverlässig abgegrenzt werden können, wenn für die Probenahme gleiche Pflanzen mit gleicher Entwicklungsstufe von Standorten mit vergleichbaren Umweltbedingungen herangezogen werden.

Zusammenfassung

Die Zunahme phytotoxischer Fluorverbindungen in der Atmosphäre hat in neuerer Zeit zu umfangreichen Untersuchungen über Fluorwirkungen auf Pflanzen geführt. Während über den Wirkungsmechanismus des Fluors und seiner Anreicherung in einzelnen Pflanzenorganen und Zellorganellen schon wesentliche Aufschlüsse gewonnen werden konnten, sind wir über die Auswirkungen definierter Fluormengen auf Wuchsleistung, Ertrag und Qualität der Pflanzen sowie über das Resistenzverhalten wirtschaftlich wichtiger Kulturen erst wenig unterrichtet. Es fehlen also noch verläßliche Grundlagen sowohl zur Festlegung von Immissionsgrenzwerten als auch für die Anpassung der Bodennutzung an die verschlechterten Wachstumsbedingungen in Gebieten mit Fluor-Immissionen.

In der vorliegenden Arbeit wird über Begasungsexperimente mit Fluorwasserstoff berichtet, mit denen das Resistenzverhalten wichtiger Kulturen und die ungefähren HF-Konzentrationen ermittelt wurden, die bei langanhaltender Einwirkung noch Pflanzenschäden auslösen können. Beschreibungen äußerer Schädigungsmerkmale und Untersuchungen über die Fluoranreicherung in Pflanzen unterstützen den Nachweis phytotoxischer HF-Immissionen.

Die Versuchspflanzen wurden unter freilandnahen Bedingungen in kleinen mit Kunststoffolie bespannten Begasungshäuschen definierten HF-Konzentrationen ausgesetzt. Zur Beurteilung der HF-Wirkungen dienten verschiedene Pflanzenreaktionen, wie akute und chronische Blattschädigungen, Auswirkungen auf Ertrag und Qualität sowie die Fluoranreicherung in Pflanzenorganen.

Untersuchungen über das Resistenzverhalten land- und forstwirtschaftlicher Pflanzenarten führten zu einer Aufstellung von Resistenzgruppen, die sowohl für die Diagnostik als auch für die Auswahl von Pflanzen für Gebiete mit HF-Immissionen von Bedeutung sind. Während für die Diagnose eine Resistenzgruppierung nach der Blattempfindlichkeit erfolgte, war die Anbaueignung nach den Auswirkungen auf den Nutzungswert zu beurteilen. Berücksichtigt man die Auswirkungen auf den Nutzungswert, so sind unter den gärtnerischen Kulturen ihrer hohen Blattempfindlichkeit wegen Zwiebel- und Knollengewächse wie Tulpe, Gladiole, Krokus, Montbretie, Narzisse und Scilla für den Anbau in Gebieten mit HF-Immissionen nicht empfehlenswert. Im übrigen eignen sich diese Pflanzenarten auf Grund ihrer hohen Blattempfindlichkeit als Indikatoren für Fluor-Immissionen. Unter den landwirtschaftlichen Kulturen zeigten beispielsweise Leguminosenarten wie Saatwicke, Felderbse, Ackerbohne und Lupine stärkere Ertragseinbußen als Hafer, Mais und Sommerraps. In Pflanzengemeinschaften können HF-Immissionen auf Grund unterschiedlicher artspezifischer Resistenzen und infolge von Veränderungen der zwischenartlichen Konkurrenzbedingungen im Bestand zu Verschiebungen in der Zusammensetzung der Gemeinschaft führen. Bei Futterpflanzen sind im allgemeinen weniger die Auswirkungen auf Wuchsleistung und äußere Beschaffenheit als die Fluoranreicherung von Bedeutung, wie entsprechende Untersuchungen an verschiedenen Klee- und Grasarten ergaben.

In den Begasungsexperimenten zur Ableitung von Schädigungsgrenzen zeigten unter den gärtnerischen Kulturen die Zwiebelgewächse selbst bei Konzentrationen von 1 bis 2 μg HF/m^3 nach mehrtägigen Einwirkungen noch starke wertmindernde Schäden. In Gräsern und Kleearten kam es noch bei durchschnittlichen Konzentrationen von 0,85 μg HF/m^3 während einer Einwirkungsdauer von 16 Tagen zu toxikologisch bedenklichen Fluoranreicherungen bis zu 9 mg F/100 g TS. Wintergerste wies nach 12tägiger Begasung mit 3,3 μg HF/m^3 gesicherte Ertragsdepressionen auf. Hafer und Saatwicke, Gelbe Süßlupine und Felderbse wurden bei Konzentrationen oberhalb von 4 μg HF/m^3 im Wuchs behindert. Forstkulturen wie Fichte, Weymouthkiefer, Japanische Lärche und Nordmanns-Tanne zeigten bei Konzentrationen zwischen 1,5 und 4 μg HF/m^3 schon nach wenigen Tagen so deutliche Blattschädigungen, daß bei längeren HF-Einwirkungen mit starken Wuchsbehinderungen gerechnet werden muß.

Äußere Schädigungssymptome in Form von Nekrosen, Chlorosen und Änderungen im Habitus der Pflanze reichen zwar allein zur Identifizierung von HF-Einwirkungen nicht aus, geben aber bei Beachtung der artspezifischen Resistenzunterschiede sowie des Einflusses von Blattalter und Entwicklungsstadium auf die Verteilung der Schädigungssymptome an der Pflanze wichtige Anhaltspunkte für die Diagnose. Die verschiedenen Formen akuter und chronischer Schädigungen werden an Hand von Beispielen erläutert.

Die relativ starke Fluoranreicherung in Pflanzenorganen durch Aufnahme von Fluorverbindungen aus der Luft bietet bei den geringen Schwankungen im natürlichen F-Gehalt der Pflanzen gute Voraussetzungen zum Nachweis von Fluor-Immissionen mit Hilfe der chemischen Pflanzenanalyse. Im Gegensatz zu Schwefeldioxideinwirkungen, bei denen die Blätter zum Zeitpunkt ihrer vollen Entfaltung die stärkste S-Anreicherung zeigten, wiesen unter HF-Einwirkungen die ältesten Blätter vielfach eine höhere Fluorakkumulation auf als mittlere und jüngere. Bei Begasung verschieden alter Pflanzen war eine deutliche Abhängigkeit der Fluoraufnahme vom Entwicklungsstadium und der Wuchsintensität festzustellen. Die pflanzliche Stoffproduktion wirkt sich aber nicht nur auf die Fluoranreicherung während der Begasung aus, sondern auch auf Änderungen im F-Gehalt der Pflanzen in der Zeit nach HF-Einwirkungen. Der Einfluß der Wuchsintensität auf die Fluoranreicherung während einer Einwirkung sowie auf den Rückgang des F-Gehaltes in immissionsfreien Zeitspannen ist sowohl beim Nachweis von Fluor-Immissionen als auch bei der Beurteilung toxischer Fluorgehalte in Futtermitteln zu beachten.

Literaturverzeichnis

ADAMS, D. F., D. J. MAYHEW, R. M. GNAGY, E. P. RICHEY, R. K. KOPPE, and I. W. ALLEN, Atmospheric pollution in the ponderosa pine blight area. – Industrial and engineering chemistry 44, 1356–1365 (1952).

ADAMS, D. F., J. W. HENDRIX, and H. G. APPLEGATE, Relationship among exposure periods, foliar burn, and fluorine content of plants exposed to hydrogen fluoride. – Agricultural and food chemistry 5, 108–116 (1957).

BENEDICT, H. M., J. M. ROSS, and R. H. WADE, Some responses of vegetation to atmospheric fluorides. – J. air pollution control assoc. 15, 253–255 (1965).

BOHNE, H., Fluor-Emission eines Tunnelofens. – Staub 24, 261–265 (1964).

BOSSAVY, J., Les nécroses dues au fluor. – Revue forestière française 14, 801–811 (1965).

BOVAY, A., et A. BOLAY, La dispersion des gaz fluorés dans le Valais central. – Extrait de Agriculture remande IV, 33–36 (1965).

BRANDT, C. S., Effects of air pollution on plants. – In: STERN, A. C., Air pollution. – Academic Press, New York and London, I, 255–281 (1962).

BRANDT, C. S., and W. W. HECK, Effects of air pollutants on vegetation. – In: STERN, A. C., Air pollution. – Academic Press, New York and London, I, 401–433 (1967).

BREDEMANN, G., Biochemie und Physiologie des Fluors. – Akademie-Verlag, Berlin 1956.

BREWER, R. F., F. H. SUTHERLAND, F. G. GUILLEMET, and R. K. CREVELING, Some effects of hydrogen fluoride gas bearing navel orange trees. – American society f. horticultural science 76, 208–214 (1960).

BUCK, M., Die Bestimmung kleiner Fluorgehalte in Pflanzen. – Zeitschr. f. analyt. Chemie 193, 101–112 (1963).

BUCK, M. und H. STRATMANN, Ein Verfahren zur Bestimmung sehr geringer Konzentration von Fluor-Ionen in der Atmosphäre. – Brennstoff-Chemie 46, 231–235 (1965).

CHANG, C. W., and C. R. THOMPSON, Site of fluoride accumulation in navel orange leaves. – Plant physiology 2, 211–213 (1966a).

CHANG, C. W., and C. R. THOMPSON, Effect of fluoride on nucleic acids and growth in germinating corn seedling roots. – Physiologica plantarum 19, 911–918 (1966b).

DÄSSLER, H. G. und H. GRUMBACH, Abgasschäden an Obst in der Umgebung eines Fluorwerkes. – Archiv f. Pflanzenschutz III, 59–69 (1967).

Fresenius, W., Zum Nachweis des Fluors in Pflanzenteilen. – Zeitschr. Untersuch. Nahr.- und Genußm. 5, 1035/36 (1902).

Garber, K., Die Beeinflussung der Pflanzenwelt durch fluorhaltige Immissionen. – Angew. Bot. XL, 1/2, 12–21 (1966).

Garber, K., R. Guderian und H. Stratmann, Untersuchungen über die Aufnahme von Fluor aus dem Boden durch Pflanzen. – Qualitas plantarum et materiae vegetabiles XIV, 223–236 (1967).

Garber, K., Luftverunreinigung und ihre Wirkungen. – Gebr. Borntrager-Verlag, Berlin 1967.

Guderian, R., Zur Methodik der Ermittlung von SO_2-Toleranzgrenzen für land- und forstwirtschaftliche Kulturen im Freilandversuch Biersdorf (Sieg). – Staub 20, 334–337 (1960).

Guderian, R., H. van Haut und H. Stratmann, Probleme der Erfassung und Beurteilung von Wirkungen gasförmiger Luftverunreinigungen auf die Vegetation. – Zeitschr. f. Pflanzenkrankheiten und Pflanzenschutz 67, 257–264 (1960).

Guderian, R., Wirkungen von SO_2-Immissionen auf Pflanzengemeinschaften des Feldfutterbaues. – Schriftenr. d. Landesanstalt f. Immissions- und Bodennutzungsschutz d. Landes Nordrhein-Westfalen 4, 80–100, Verlag W. Girardet, Essen 1966.

Guderian, R. und H. Stratmann, Freilandversuche zur Ermittlung von Schwefeldioxidwirkungen auf die Vegetation. III. Teil: Grenzwerte schädlicher SO_2-Immissionen für Obst- und Forstkulturen sowie für landwirtschaftliche und gärtnerische Pflanzenarten. – Forschungsber. d. Landes Nordrhein-Westfalen Nr. 1920, Westdeutscher Verlag, Köln und Opladen 1968.

Guderian, R., Untersuchungen über quantitative Beziehungen zwischen dem Schwefelgehalt von Pflanzen und dem Schwefeldioxidgehalt der Luft. – In Vorbereitung (1969).

Halbwachs, G., Untersuchungen über gerichtete aktive Strömungen und Stofftransporte im Blatt. – Flora 153, 333–357 (1963).

Hitchcock, A. E., P. W. Zimmermann, and R. R. Coe, The effect of fluorides on milo maize (Sorghum sp.). – Contribution from Boyce Thompson Institute 22, 175–206 (1963).

Hölte, W., Über Fluorschäden an landwirtschaftlichen und gartenbaulichen Gewächsen durch Düngemittelfabriken. – Ber. Landesanst. Bodennutzungsschutz, Nordrhein-Westfalen, 43–62, Bochum 1962.

Jacobson, J. S., D. C. McCune, L. H. Weinstein, R. H. Mandl, and A. E. Hitchcock, Studies on the measurement of fluoride in air and plant tissues by the Willard-Winter and semiautomated methodes. – J. air pollution control assoc. 16, 367–371 (1966).

Lee, C. J., G. W. Miller, and G. W. Welkie, The effects of hydrogen fluoride and wounding on respiratory enzymes in soybean leaves. – Air & Wat. Pollut., Int. J., Pergamon Press 10, 169–181 (1966).

Mayrhofer, J., Über Pflanzenbeschädigungen, veranlaßt durch den Betrieb einer Superphosphatfabrik. – Ber. 10 Versammlg. bayr. Vertreter, Angew. Chem. 127, August 1891.

McCune, D. C., L. H. Weinstein, J. S. Jacobson, and A. E. Hitchcock, Some effets of atmospheric fluoride on plant metabolism. – J. air pollution control assoc. 14, 465–468 (1964).

Oelschläger, W., Die Verunreinigung der Atmosphäre durch Fluor. – Staub 25, 528–532 (1965).

Pack, M. R., Response of tomato fruiting to hydrogen fluoride as influenced by calcium nutrition. – J. air pollution control assoc. 19, 541–544 (1966).

Peters, R., and M. Shorthouse, Fluoride metabolism in plants. – Nature 202, 21–22 (1964).

Pilet, P. E., et G. Collet, Action in vitro et in vivo du fluor sur le catabolisme de l'acide β-indolacétique. – Bul. de la société botanique suisse 74, 215–228 (1964).

Reuss, C., Rauchbeschädigung in dem Gräflich v. Tiele-Winklerschen Forstreviere. – Myslowitz, Kattowitz, Goslar: J. Jäger u. Sohn 1893, Nachtrag: Goslar 1896.

Shupe, J. S., and E. W. Alther, The effects of fluoride on livestock, with particular reference to cattle. – In: Handbuch der experimentellen Pharmakologie, Springer-Verlag, Berlin, Heidelberg, New York 1966.

Solberg, P., B. F. Adams, and H. A. Ferchau, Some effects of hydrogen fluoride on the internal structure of Pinus ponderosa needles. – Proc. 3rd. Nat. Air Pollut. Sympos. (Pasadena) 195, 164–176 (1955).

SPIERINGS, F. G., Untersuchungen von Raucheinwirkungen durch Begasungsversuche. – Forschung u. Beratung, Reihe C, 56–63 (1961).

SPIERINGS, F. G., Chronic discoloration of leaf tips of gladiolus and its relation to the hydrogen fluoride content of the air and the fluorine content of the leaves. – Neth. J. P. Path. 73, 25–28 (1967).

THOMAS, M. D., Effects of air pollution on plants. – In: Air pollution. World Health Organization, Geneva, Monograph Ser. 46, 233–278 (1961).

THOMAS, M. D., and E. W. ALTHER, The effects of fluoride on plants. – In: Handb. der experimentellen Pharmakologie, Springer Verlag, Berlin, Heidelberg, New York 1966.

VAN HAUT, H. und H. STRATMANN, Experimentelle Untersuchungen über die Wirkung von Stickstoffdioxid auf Pflanzen. – Schriftenr. d. Landesanstalt f. Immissions- und Bodennutzungsschutz d. Landes Nordrhein-Westfalen 7, Verlag W. Girardet, Essen 1967.

VON SCHROEDER, J. und C. REUSS, Die Beschädigung der Vegetation durch Rauch und die Oberharzer Hüttenrauchschäden. – Berlin 1883.

WISLICENUS, H., Resistenz der Fichte gegen saure Rauchgase bei ruhender und bei tätiger Assimilation. – Tharandt. Forstl. Jahrb. 48, 152–172 (1898).

WISLICENUS, H., Zur Beurteilung und Abwehr von Rauchschäden. – Zeitschr. angew. Chem. 14, 689–712 (1901).

WÖHLBIER, W. und W. OELSCHLÄGER, Sind Rohphosphate trotz ihres Fluor-Gehaltes für die Ernährung unserer landwirtschaftlichen Nutztiere zu empfehlen? – Landw. Forschung XIX, 138–153 (1966).

YANG, S. F., and G. W. MILLER, Biochemical studies on the effect of fluoride on higher plants. – Biochem. J. 88, 517–522 (1963).

Tabellenanhang

Tab. 1 Fluoranreicherung und Blattschädigung bei Futterpflanzen unter HF-Einwirkungen
(75 bzw. 150 Stunden Begasung mit 40 µg HF/m³ Luft während der Bestockung in der Zeit vom 23. 8. bis 22. 9. 1966)

Pflanzenart	F-Gehalt pro 100 g Trockensubstanz			Nekrosen in % der gesamten Blattfläche 75 h mit 40 µg/m³
	Kontrolle	75 h mit 40 µg/m³	150 h mit 40 µg/m³	
Luzerne	3,6	80,3	132,7	5
Schwedenklee	3,2	81,3	–	40
Weißklee	3,7	97,7	–	10
Rotklee	3,6	105,9	172,3	30
Knaulgras	1,9	49,6	–	7
Wiesenlieschgras	1,9	59,9	–	40
Deutsches Weidelgras	2,6	73,4	–	5
Welsches Weidelgras	2,8	84,0	179,8	5
Wiesenschwingel	2,7	84,1	162,9	10

Tab. 10 *Auswirkungen von HF-Begasungen auf das Wachstum der Wintergerste in verschiedenen Entwicklungsstadien[1] (290 Stunden Begasung mit 3,3 bzw. 12,5 µg HF/m³ Luft in der Zeit vom 27. 9 bis 9. 10. 1967)*

Aussaat-termin	Vor der Begasung Kontrolle	Trockensubstanz in g pro Versuchsgefäß[2] Nach der Begasung Kontrolle	mit 3,3 µg/m³	mit 12,5 µg/m³	Schädigungsgrad[3] bei 3,3 µg/m³	bei 12,5 µg/m³
25. 8. 1967	4,71 ± 0,24	11,60 ± 0,28	10,56 ± 0,33 ××× ○	10,26 ± 0,48 ×××	1	2
1. 9. 1967	2,08 ± 0,14	7,19 ± 0,50	7,19 ± 0,44 ○	6,41 ± 0,33 ×	0,3	1
8. 9. 1967	1,04 ± 0,08	4,49 ± 0,42	4,29 ± 0,22 ○	3,96 ± 0,23 ×	0,5	1,5
15. 9. 1967	0,42 ± 0,05	1,98 ± 0,15	1,83 ± 0,09 ○	1,51 ± 0,11 ×××	1,0	2

[1] *Entwicklungsstadien* bei Versuchsbeginn am 27. 9. 1967 bei Versuchsende am 9. 10. 1967

Aussaattermin
25. 8.   Bestockungsziffer 5   Bestockungsziffer 8
 1. 9.   Bestockungsziffer 2   Bestockungsziffer 5
 8. 9.   Beginn der Bestockung   Bestockungsziffer 3
15. 9.   2-Blatt-Stadium   Beginn der Bestockung

[2] Kunststoffgefäße 13 × 13 cm
Mittelwert mit Standardabweichung der Einzelwerte aus jeweils fünf Wiederholungen und Ergebnissen des *t*-Testes mit der Bedeutung:
× gesichert auf dem 95%-Niveau
×× gesichert auf dem 99%-Niveau
××× gesichert auf dem 99,9%-Niveau
○ nicht gesichert gegenüber der Kontrolle

[3] Siehe Tab. 6, S. 13

Tab. 11 *Auswirkungen einer HF-Begasung auf das Trockengewicht der Zuckerrübe bei verschiedenen Blattstadien* (260 Stunden mit 10,8 µg HF/m³ Luft)

Trockengewicht der Kontrolle[1] [g] Blattstadien[2]					Trockengewicht der begasten Pflanzen[3] [g] Blattstadien[2]				
(I)	(II)	(III)	(IV)	(I) bis (IV)	(I)	(II)	(III)	(IV)	(I) bis (IV)
37,1 ± 7,83	48,1 ± 12,83	20,1 ± 3,32	7,8 ± 1,68	113,1 ± 21,65	45,4 ± 6,97 ○	38,5 ± 4,34 ○	14,3 ± 3,88 ×	3,2 ± 1,90 ××	101,4 ± 5,64 ○

[1] Mittelwert aus jeweils zehn Wiederholungen (Kunststoffeimer) mit je drei Pflanzen; s. Tab. 10.
[2] Zur Untersuchung entnommen wurden:
(I)   die 6 ältesten Blätter
(II) die 6 auf (I) folgenden Blätter
(III) die 6 auf (II) folgenden Blätter und
(IV) die Herzblätter
[3] Alle Blätter waren symptomfrei.

Tab. 12 Auswirkungen verschieden hoher HF-Konzentrationen auf Wachstum und Fluorgehalt bei Küchenzwiebeln
(608 Stunden Begasung mit 5,3 bzw. 12,7 µg HF/m³ in der Zeit vom 12. 5. bis 8. 6. 1967)

HF-Angebot	Zwiebelgewicht in g/Stück[1]	Schädigungsgrad	F-Gehalt in mg/100 g TS Schlotten	F-Gehalt in mg/100 g TS Zwiebel
Kontrolle	70	–	4,6	0,7
608 Stunden mit 5,3 µg/m³	71	Bis zu 2,5 cm lange Spitzennekrosen, leicht chlorotisch	21,0	0,5
608 Stunden mit 12,7 µg/m³	59	Bis zu 18 cm lange Spitzennekrosen	37,7	0,4

[1] Mittelwert aus sechs Versuchsgefäßen mit je acht Zwiebeln.

Tab. 13 Untersuchung der Inhaltsstoffe von Stachelbeeren (weiße Triumph) nach HF-Einwirkungen vor Beginn der Beerenreife
(40 Stunden Begasung mit 25 µg HF/m³ in der Zeit vom 28. 6. bis 4. 7. 1966)

Inhaltsstoffe	Kontrolle	Begaste Pflanzen
F-Gehalt der Blätter[1] [mg F/100 g TS]	3,4	18,9
Inhaltsstoffe der Beeren		
Trockensubstanz in % des Frischgewichtes	12,8	12,4
Rohasche in % der TS	3,57	4,20
Rohprotein in % der TS	5,78	5,80
Rohfett in % der TS	1,63	1,70
Rohfaser in % der TS	12,2	13,0
N-freie Extraktstoffe in % der TS	76,8	75,3
Invertzucker in % der TS	48,1	51,4
Vitamin C [mg/100 g TS]	16	24
Gesamtsäure, berechnet als Apfelsäure, in % der TS	12,7	13,5
Oxalsäure [mg/100 g TS]	773	681

[1] Die Blätter der begasten Pflanzen wiesen mittelstarke Nekrosen auf; die Früchte waren symptomfrei.

Tab. 16 Fluoranreicherung bei Grünkohl nach HF-Einwirkungen in Abhängigkeit vom Blattalter

Blattalter	F-Gehalt [mg/100 g TS] Kontrolle	F-Gehalt [mg/100 g TS] 88 h mit 25 µg/m³	Schädigungsgrad
6 Wochen (sehr schwach vergilbt)	1,5	30,7	Stark vergilbt
4 Wochen (voll ausgewachsen)	1,0	18,2	Ohne Symptome
2 Wochen (etwa 1/5 der normalen Größe)	0,2	4,7	Ohne Symptome

Tab. 17 Fluoranreicherung bei Markstammkohl[1]
nach HF-Einwirkungen in Abhängigkeit vom Blattalter
(45 Stunden Begasung mit 60 μg HF/m³ in der Zeit vom 19. 7. bis 26. 7. 1966)

Blattalter	F-Gehalt [mg/100 g TS]	
	Kontrolle	45 h mit 60 μg/m³
7 Wochen (Beginn der Vergilbung)	6,1	101,0
5 Wochen (voll ausgewachsen)	2,8	92,6
2 Wochen (stark wüchsig)	1,2	44,8

[1] Alle Blätter waren symptomfrei.

Tab. 18 Schädigungsgrad und Fluoranreicherung bei Pappelblättern (Oxford) verschiedener Stadien nach HF-Einwirkungen
(167 Stunden Begasung mit 14,1 μg/m³ in der Zeit vom 22. 8. bis 29. 8. 1967)

Blattfolge (von der Triebspitze)	Kennzeichnung	F-Gehalt [mg/100 g TS]		Schädigungsgrad[1]
		Vor der Begasung	Nach der Begasung	
1. bis 5. Blatt	Ein Viertel der normalen Blattgröße für das älteste der ersten fünf Blätter	1,6	12,4	0,7
6. bis 8. Blatt	Noch stark im Wuchs, hellgrün	0,9	16,4	3,6
9. bis 11. Blatt	Voll ausgewachsen, frischgrün	2,2	15,2	2,6
12. bis 14. Blatt	Dunkelgrün	2,2	22,5	1,2
15. bis 17. Blatt	Erste Vergilbungserscheinungen	1,5	22,3	1,1
18. bis 21. Blatt	Stark vergilbt	2,1	23,2	1,3

[1] Mittelwert nach einer Schädigungsskala von 0 bis 5.

Tab. 19 Einfluß von HF-Begasungen auf Fluoranreicherung und Trockensubstanzbildung bei Spinat in Abhängigkeit vom Blattalter

HF-Angebot	Blattalter bei Versuchs-beginn	Trockensubstanz je Blattpaar [mg] Bei Versuchs-beginn am 27. 9. 1966[1]	Bei Versuchs-ende am 4. 10. 1966[2]	F-Gehalt bei Versuchsende [mg/100 g TS]	Schädigung bei Versuchsende
Kontrolle	1. Blattpaar; 15 Tage	107	180	2,0	
	2. Blattpaar; 10 Tage	68	284	1,2	
	3. Blattpaar; 6 Tage	1,3	228	2,5	
	4. Blattpaar[3]	–	61	0,6	
46 h mit 30 µg/m³	1. Blattpaar		141	18,9	Sehr
	2. Blattpaar		193	11,9	schwache
	3. Blattpaar		158	6,9	Chlorosen
	4. Blattpaar		41	2,9	
46 h mit 69 µg/m³	1. Blattpaar		150	84,9	Schwache
	2. Blattpaar		133	48,1	Chlorosen
	3. Blattpaar		120	32,3	und sehr
	4. Blattpaar		29	18,0	schwache Nekrosen

[1] Mittelwert aus jeweils 102 Blattpaaren.
[2] Mittelwert aus jeweils 24 Blattpaaren.
[3] Bei Versuchsbeginn am 27. 9. noch nicht vorhanden.

Tab. 20 Einfluß von HF-Begasungen auf die Fluoranreicherung bei Sommerraps in Abhängigkeit vom Blattalter
(12 Stunden Begasung mit 8 µg HF/m³ während des Schossens am 15. 6. und 16. 6. 1966)

Blattalter	F-Gehalt [mg/100 g TS]	
	Kontrolle	12 h mit 8 µg/m³
5 Wochen (Blätter 1 und 2 von unten)	2,3	6,7
4 Wochen (Blätter 3 und 4 von unten)	1,7	12,0
3 Wochen (Blätter 5 und 6 von unten)	1,6	10,4
Ganze Pflanze (oberhalb der Keimblätter)	1,1	7,6

Anmerkung: Alle Blätter waren symptomfrei.

*Tab. 21 Einfluß von HF-Begasungen auf die Fluoranreicherung bei Fichte
in Abhängigkeit vom Nadelalter*
(70 bzw. 115 Stunden Begasung mit 20 µg HF/m³ in der Zeit vom 6. 9. bis 26. 9. 1966)

Nadeljahrgang[1]	F-Gehalt [mg/100 g TS]		
	Kontrolle	70 h mit 20 µg/m³	115 h mit 20 µg/m³
1964	4,6	12,9	24,8
1965	3,7	12,3	27,1
1966 (Maitrieb)	1,5	9,7	23,2

[1] Die Nadeln von 1964 und 1965 waren völlig symptomfrei; der Maitrieb von 1966 zeigte ganz vereinzelt braune Nekrosen, während der Johannistrieb 1966 nahezu total abgestorben war.

*Tab. 22 Einfluß von HF-Begasungen auf Fluoranreicherung und Schädigungen bei verschiedenen
Nadeljahrgängen von Koniferen*
(186 Stunden Begasung mit 11 µg HF/m³ in der Zeit vom 27. 7. bis 4. 8. 1967)

Versuchs-pflanzen	Nadel-jahr-gang	F-Gehalt [mg/100 g TS]			Schädigungen	
		Vor Begasung	Nach 116 h Begasung mit 11 µg/m³	Nach weiteren 70 h Begasung mit 11 µg/m³	am 1.8.1967	am 4.8.1967
Pinus austriaca	1965	3,3	4,6	6,5	Ohne Symptome	Ohne Symptome
Pinus austriaca	1966	1,4	3,2	4,3	Ohne Symptome	Ohne Symptome
Pinus austriaca	1967	0,4	2,8	3,2	Ohne Symptome	Mittelstarke Nekrosen
Pinus strobus	1966	1,2	3,6	6,0	Ohne Symptome	Ohne Symptome
Pinus strobus	1967	0,7	3,6	4,1	Schwache Nekrosen	Schwache Nekrosen
Picea excelsa	1965	2,0	8,3	10,3	Ohne Symptome	Ohne Symptome
Picea excelsa	1966	1,6	8,2	8,5	Ohne Symptome	Ohne Symptome
Picea excelsa	1967	1,4	4,2	5,9	Mittelstarke Nekrosen	Mittelstarke Nekrosen

Tab. 23 Fluoranreicherung bei Ahorn in Abhängigkeit vom Blattalter
(56 Stunden Begasung mit 67 µg HF/m³ in der Zeit vom 28. 9. bis 6. 10. 1966)

Blattfolge[1] (von der Triebspitze)	F-Gehalt [mg/100 g TS] Vor der Begasung	Nach der Begasung	Schädigungen
1. bis 3. Blatt	2,3	77,2	Mittelstarke bis schwache Aufhellungen
4. bis 6. Blatt	2,0	70,6	Sehr schwache Aufhellungen
7. bis 9. Blatt	2,1	40,8	7. und 8. Blatt ohne Symptome 9. Blatt vereinzelt punktartige Interkostalnekrosen und nekrotischer Randsaum
10. bis 12. Blatt	2,1	25,0	Sehr schwache Rand- und Interkostalnekrosen

[1] Das eine der gegenständigen Blätter ist bei Versuchsbeginn am 28. 9. 1966, das andere bei Versuchsende am 6. 10. 1966 entnommen worden.

Tab. 24 Fluoranreicherung und Fluorverdünnung im Vergleich zur Trockensubstanzbildung bei verschiedenen Entwicklungsstadien des Sommerrapses
(215 Stunden Begasung mit 10,3 µg HF/m³ in der Zeit vom 12. 7. bis 21. 7. 1967)

Aussaat-termin	Entwicklungs-stadien[1]	Trockensubstanz[2] je Pflanze [mg]			F-Gehalt[2] [mg/100 g TS]		
		Kontrolle 12. 7. (a)	Nach Begasung 21. 7. (b)	1. 8. (c)	Kontrolle 12. 7. (a)	21. 7. (b)	Nach Begasung[3] 1. 8. (c)
13. 6. 1967	(a) Kleine Rosette	1320			1,2		
	(b) Präfloration		3900		1,3	31,5	
	(c) Beginn der Blüte			5330	1,3		10,5
20. 6. 1967	(a) 3-Blatt-Stadium	467			1,2		
	(b) Große Rosette		2317		1,3	43,0	
	(c) Präfloration			3450	1,0		13,9
27. 6. 1967	(a) 2-Blatt-Stadium	36,7			0,8		
	(b) Kleine Rosette		542		1,3	46,9	
	(c) Große Rosette			2213	1,2		6,2

[1] (a) Bei Begasungsbeginn am 12. 7. 1967.
(b) Bei Begasungsende am 21. 7. 1967.
(c) 11 Tage nach Begasungsende am 1. 8. 1967.
[2] Mittelwert aus jeweils vier Versuchsgefäßen.
[3] Alle Entwicklungsstadien waren symptomfrei; Auswirkungen auf die Wuchsleistung waren nicht nachzuweisen; der F-Gehalt bezieht sich auf die oberirdischen Pflanzenteile.

Tab. 25 *Einfluß von HF-Begasungen auf Trockensubstanzbildung und Fluoranreicherung bei verschiedenen Entwicklungsstadien von Sommerraps*
(60 Stunden Begasung mit 25 µg HF/m³ Luft in der Zeit vom 11. 7. bis 22. 7. 1966)

Aussaat-termin	Entwicklungs-stadien[1]	Trockensubstanz je Versuchsgefäß[2] [g]			F-Gehalt [mg/100 g TS]	
		Kontrolle 11. 7.	Kontrolle 22. 7.	25 µg HF 22. 7.	Kontrolle 22. 7.	25 µg HF 22. 7.
27. 5.	(a) Beginn der Blüte	35 ± 2,50				
	(b) Vollblüte		55 ± 9,07	55 ± 6,08 ○	1,6	31,2
6. 6.	(a) Beginn des Schossens	11,9 ± 1,62				
	(b) Frühe Präfloration		26 ± 4,19	23 ± 1,42 ○	1,4	33,7
16. 6.	(a) Kleine Rosette	2,21 ± 0,24				
	(b) Große Rosette		7,0 ± 1,42	5,5 ± 1,21 ○	1,4	49,5

[1] (a) Bei Versuchsbeginn am 11. 7.1967.
   (b) Bei Versuchsende am 22. 7. 1967.
   Alle Entwicklungsstadien waren symptomfrei.
[2] Mittelwert aus jeweils vier Wiederholungen; s. Tab. 10.

Tab. 26 *Einfluß von HF-Begasungen auf Fluoranreicherung und Trockensubstanzbildung bei verschiedenen Entwicklungsstadien des Hafers*
(260 Stunden Begasung mit 3,5 µg HF/m³ in der Zeit vom 12. 5. bis 23. 5. 1967)

Aussaat-termin	Entwicklungsstadien[1]	Trockensubstanz je Pflanze [mg][2]		F-Gehalt [mg/100 g TS][2]	
		Kontrolle	Nach Begasung	Kontrolle	Nach Begasung
22. 3. 1967	(a) Hauptbestockung, Bestockungsziffer 3	181			
	(b) Beginn des Schossens		710	1,2	2,3
7. 4. 1967	(a) Beginn der Bestockung	57,3			
	(b) Hauptbestockung, Bestockungsziffer 3		336	0,6	1,9
17. 4. 1967	(a) 2-Blatt-Stadium	26,6			
	(b) Beginn der Bestockung		176	0,6	2,4
26. 4. 1967	(a) Auflaufen	11,9			
	(b) 4-Blatt-Stadium		82,5	0,9	3,3

[1] (a) Bei Versuchsbeginn am 12. 5. 1967.
   (b) Bei Versuchsende am 23. 5. 1967.
[2] Mittelwerte aus einer unterschiedlichen hohen Zahl von Einzelpflanzen aus jeweils vier Versuchsgefäßen; alle begasten Entwicklungsstadien waren symptomfrei; Ertragsminderungen lagen nicht vor.

Abbildungsanhang

Abb. 1 Begasungsanlage im Freiland zur Untersuchung von Fluorwasserstoffwirkungen auf Pflanzen
Die aufklappbaren Kunststoffhauben werden entweder mit Topfkulturen beschickt oder über Parzellen mit Pflanzenbeständen gestülpt

Abb. 2   Bei Zierpflanzen sind hauptsächlich Beeinträchtigungen der äußeren Beschaffenheit ein Maß für Wertminderungen, wie hier Nekrosen an den Blättern der Gladiole

Abb. 3 Qualitätsminderungen an Gladiolen durch Nekrosen an den Kelchblättern, die ähnlich anfällig sind wie die Laubblätter
An den Blütenblättern können nach Lösung von Fluorwasserstoff in Wassertröpfchen punktförmige Verätzungen auftreten

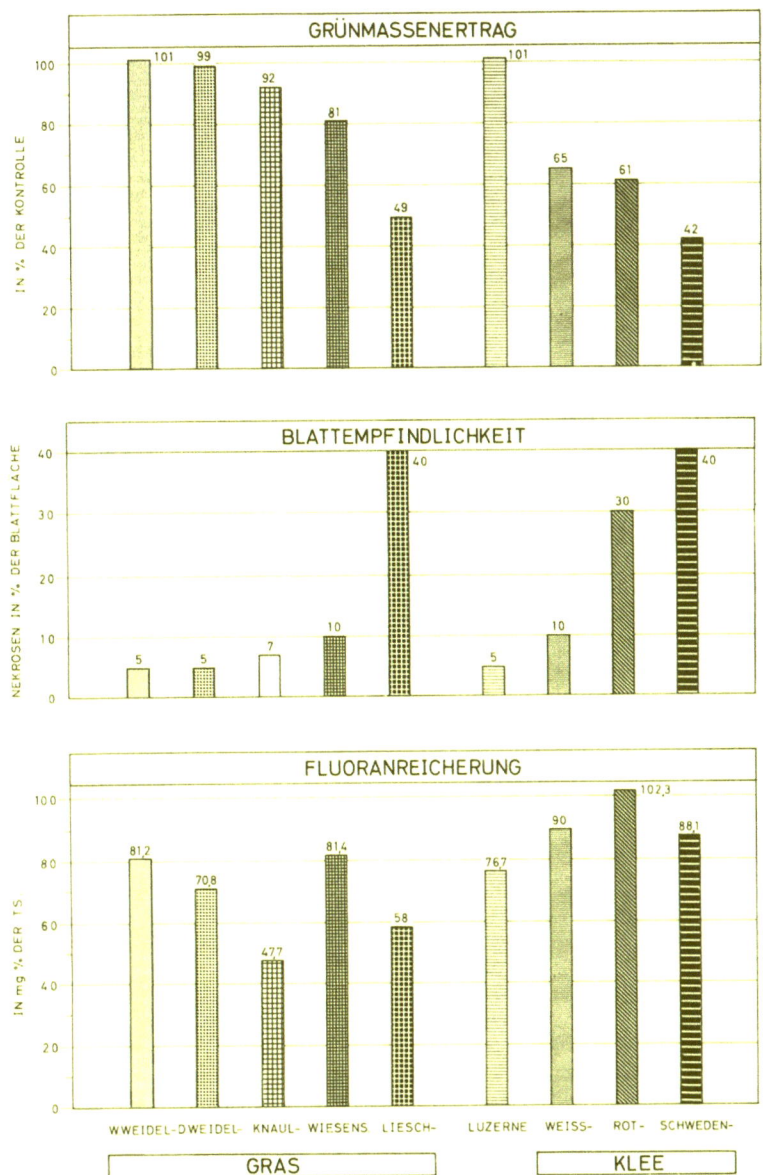

Abb. 4 Grünmassenertrag, Blattempfindlichkeit und Fluoranreicherung als Kriterien zur Beurteilung von HF-Wirkungen auf den Nutzungswert von Futterpflanzen

Abb. 5 Blattschädigungen an Tulpenvarietäten nach 3wöchiger Exposition 0,5 km von einer Aluminiumhütte entfernt

Abb. 6 Unterschiedlich stark geschädigte Narzissen (King Alfred), die 6 Wochen lang 250 bzw. 500 m von einer Aluminiumhütte entfernt exponiert waren, im Vergleich zur Kontrolle (rechts) aus einem unbeeinflußten Gebiet

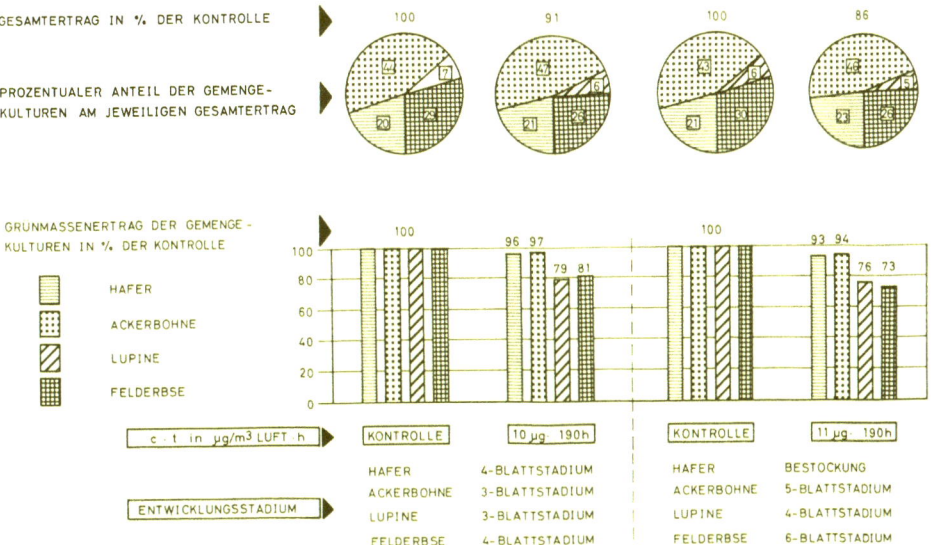

Abb. 7   Auswirkungen von HF-Begasungen während verschiedener Entwicklungsstadien auf Ertrag und Zusammensetzung eines Gemenges aus Hafer, Ackerbohne, Lupine und Felderbse

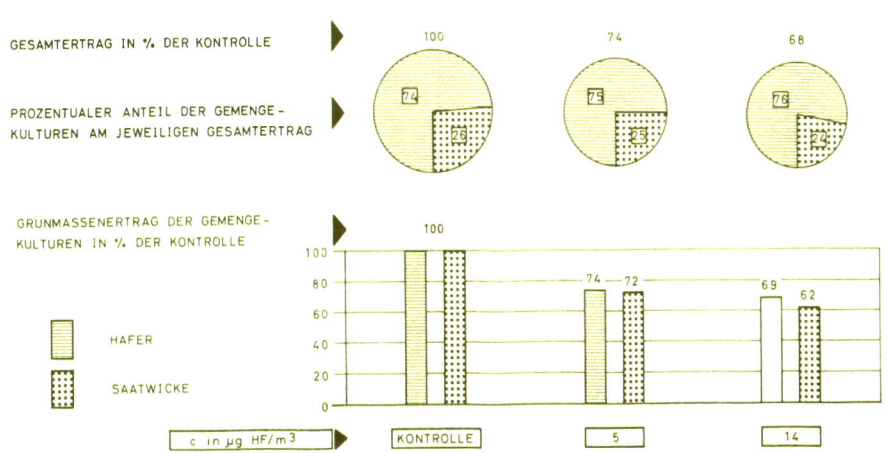

Abb. 8   Auswirkungen verschieden hoher HF-Konzentrationen auf Ertrag und Zusammensetzung von Hafer–Wick-Gemenge

Abb. 9 Von den Rändern der Blättchen ausgehende chlorotische Verfärbungen bei Rotklee, vereinzelt mit beginnender Nekrosenbildung, im Vergleich zur Kontrolle (oben)

Abb. 10 Blattnekrosen an Knollenbegonie, vornehmlich von den Blatträndern in die Interkostalfelder ausstrahlend

Abb. 11 Bei Rotbuche sind ein gezähnter nekrotischer Randsaum und chlorotische Aufhellungen der Blattspreiten ein häufig anzutreffendes Schadmuster

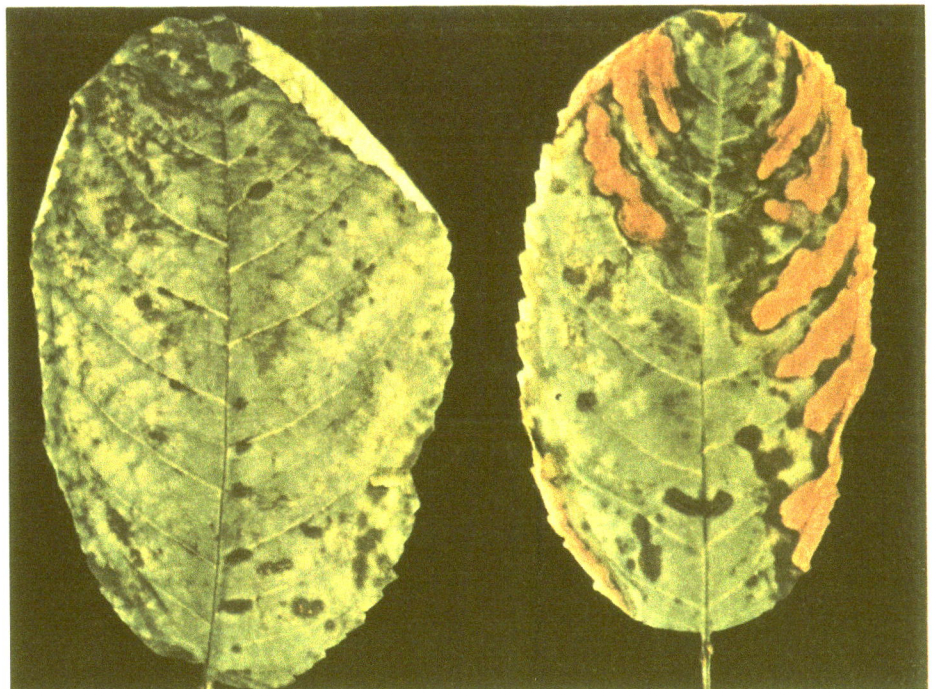

Abb. 12   Blätter der Süßkirsche aus der Umgebung einer Ziegelei mit bräunlichen und chlorotischen Verfärbungen der Spreiten sowie zungenförmig vom Blattrand auf die Lamina übergreifende Nekrosen

Abb. 13   An Pappelblättern sind neben schwarzbraunen Randschädigungen gelegentlich noch kleinfleckige Nekrosen in den Interkostalfeldern zu beobachten

Abb. 14 Bei der Weinrebe äußern sich erste Anzeichen einer Schädigung in grau-grünlichen Verfärbungen, die in bräunliche bis rötliche Nekrosen übergehen. Daneben treten auch rotviolette Flecken auf

Abb. 15 Selbst an stark geschädigten Trieben der Schwarzkiefer beobachtet man, wie allgemein bei Koniferen, geschädigte neben ungeschädigten Nadeln

Abb. 16 Allgemeine Chlorosis an Blättern der Birke mit Absterbeerscheinungen von den Blattspitzen her nach langanhaltender Einwirkung niedriger HF-Konzentrationen

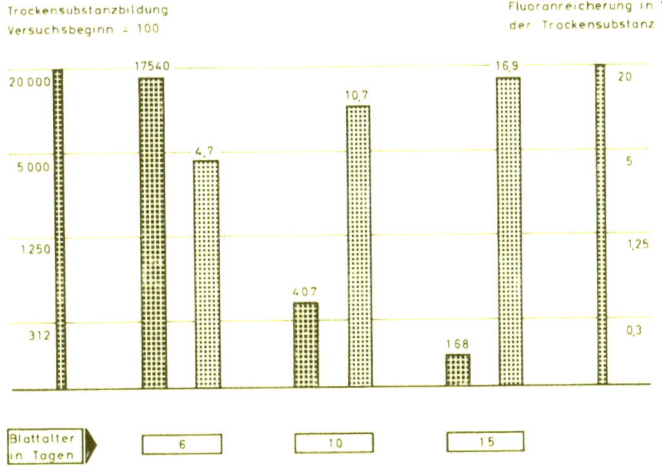

Abb. 17 Fluoranreicherung und Trockensubstanzbildung bei Spinat unter HF-Einwirkung in Abhängigkeit vom Blattalter

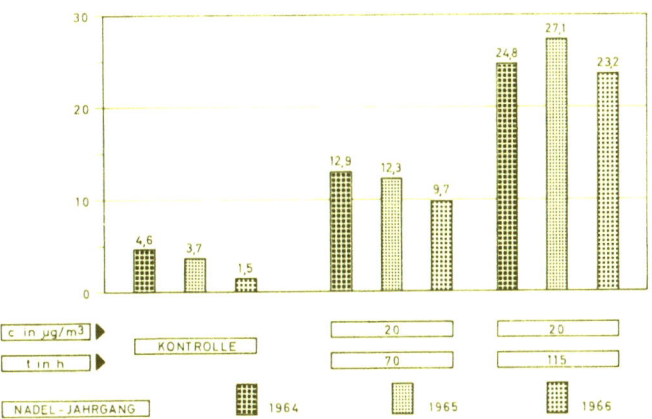

Abb. 18 Fluoranreicherung bei der Fichte unter HF-Einwirkung in Abhängigkeit vom Nadelalter

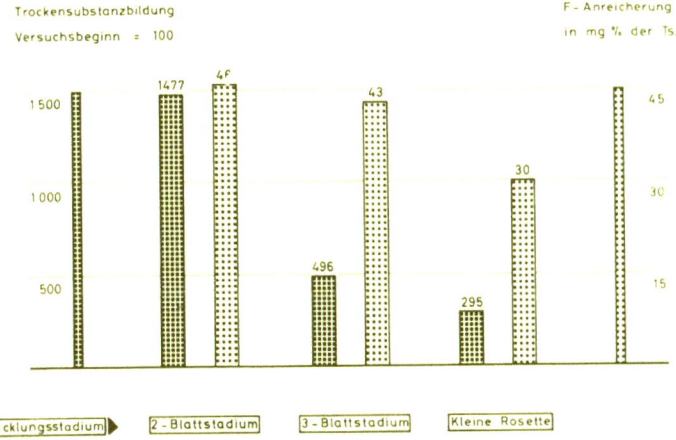

Abb. 19 Fluoranreicherung und Trockensubstanzbildung bei verschiedenen Entwicklungsstadien des Sommerrapses unter HF-Einwirkung

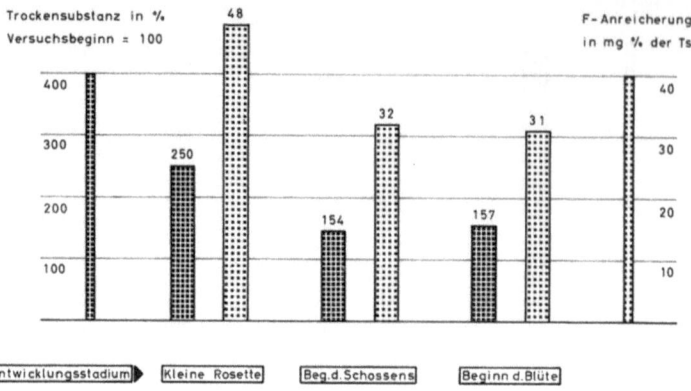

Abb. 20 Fluoranreicherung und Trockensubstanzbildung bei verschiedenen Entwicklungsstadien des Sommerrapses unter HF-Einwirkung

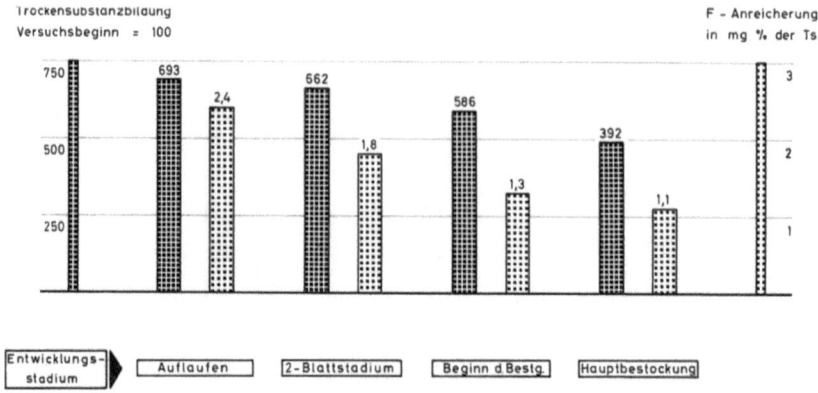

Abb. 21 Fluoranreicherung und Trockensubstanzbildung bei verschiedenen Entwicklungsstadien des Hafers unter HF-Einwirkung

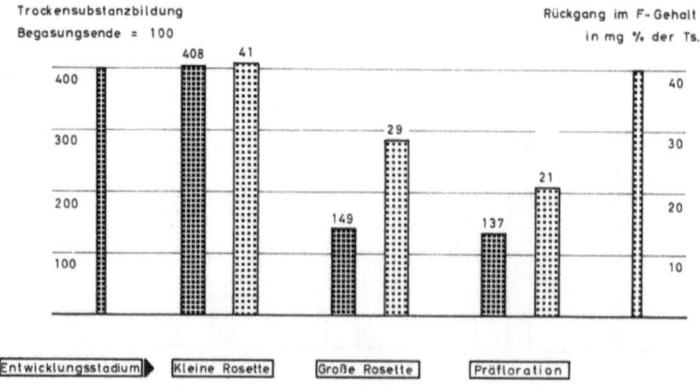

Abb. 22 Rückgang im Fluorgehalt bei verschiedenen Entwicklungsstadien des Sommerrapses in der Zeit nach einer HF-Einwirkung im Vergleich zur Trockensubstanzbildung

Forschungsberichte
des Landes Nordrhein-Westfalen

Herausgegeben im Auftrage des Ministerpräsidenten Heinz Kühn
von Staatssekretär Professor Dr. h. c. Dr. E. h. Leo Brandt

Sachgruppenverzeichnis

Acetylen · Schweißtechnik
Acetylene · Welding gracitice
Acétylène · Technique du soudage
Acetileno · Técnica de la soldadura
Ацетилен и техника сварки

Arbeitswissenschaft
Labor science
Science du travail
Trabajo científico
Вопросы трудового процесса

Bau · Steine · Erden
Constructure · Construction material ·
Soil research
Construction · Matériaux de construction ·
Recherche souterraine
La construcción · Materiales de construcción ·
Reconocimiento del suelo
Строительство и строительные материалы

Bergbau
Mining
Exploitation des mines
Minería
Горное дело

Biologie
Biology
Biologie
Biologia
Биология

Chemie
Chemistry
Chimie
Quimica
Химия

Druck · Farbe · Papier · Photographie
Printing · Color · Paper · Photography
Imprimerie · Couleur · Papier · Photographie
Artes gráficas · Color · Papel · Fotografía
Типография · Краски · Бумага · Фотография

Eisenverarbeitende Industrie
Metal working industry
Industrie du fer
Industria del hierro
Металлообрабатывающая промышленность

Elektrotechnik · Optik
Electrotechnology · Optics
Electrotechnique · Optique
Electrotécnica · Optica
Электротехника и оптика

Energiewirtschaft
Power economy
Energie
Energía
Энергетическое хозяйство

Fahrzeugbau · Gasmotoren
Vehicle construction · Engines
Construction de véhicules · Moteurs
Construcción de vehículos · Motores
Производство транспортных · Средств

Fertigung
Fabrication
Fabrication
Fabricación
Производство

Funktechnik · Astronomie
Radio engineering · Astronomy
Radiotechnique Astronomie
Radiotécnica · Astronomía
Радиотехника и астрономия

Gaswirtschaft
Gas economy
Gaz
Gas
Газовое хозяйство

Holzbearbeitung
Wood working
Travail du bois
Trabajo de la madera
Деревообработка

Hüttenwesen · Werkstoffkunde
Metallurgy · Materials research
Métallurgie · Materiaux
Metalurgia · Materiales
Металлургия и материаловедение

Kunststoffe
Plastics
Plastiques
Plásticos
Пластмассы

Luftfahrt · Flugwissenschaft
Aeronautics · Aviation
Aéronautique · Aviation
Aeronáutica · Aviación
Авиация

Luftreinhaltung
Air-cleaning
Purification de l'air
Purificación del aire
Очищение воздуха

Maschinenbau
Machinery
Construction mécanique
Construcción de máquinas
Машиностроительство

Mathematik
Mathematics
Mathématiques
Mathemáticas
Математика

Medizin · Pharmakologie
Medicine · Pharmacology
Médecine · Pharmacologie
Medicina · Farmacología
Медицина и фармакология

NE-Metalle
Non-ferrous metal
Metal non ferreux
Metal no ferroso
Цветные металлы

Physik
Physics
Physique
Física
Физика

Rationalisierung
Rationalizing
Rationalisation
Racionalización
Рационализация

Schall · Ultraschall
Sound · Ultrasonics
Son · Ultra-son
Sonido · Ultrasónico
Звук и ультразвук

Schiffahrt
Navigation
Navigation
Navegación
Судоходство

Textilforschung
Textile research
Textiles
Textil
Вопросы текстильной промышленности

Turbinen
Turbines
Turbines
Turbinas
Турбины

Verkehr
Traffic
Trafic
Tráfico
Транспорт

Wirtschaftswissenschaften
Political economy
Economie politique
Ciencias económicas
Экономические науки

Einzelverzeichnis der Sachgruppen bitte anfordern

Westdeutscher Verlag · Köln und Opladen
567 Opladen/Rhld., Ophovener Straße 1–3, Postfach 1620

If you have any concerns about our products,
you can contact us on
ProductSafety@springernature.com

In case Publisher is established outside the EU,
the EU authorized representative is:
**Springer Nature Customer Service Center GmbH
Europaplatz 3, 69115 Heidelberg, Germany**

Printed by Libri Plureos GmbH
in Hamburg, Germany